I0035774

CANAL SOUTERRAIN DE LA LOIRE.

PROJET

POUR OPÉRER LA

JONCTION DU RHÔNE ET DE LA LOIRE,

EN PROLONGEANT LE CANAL DE GIVORS,

DEPUIS LA GRAND-CROIX JUSQU'A ANDRÉZIEUX,

A TRAVERS LE BASSIN HOUILLIER DE ST-ÉTIENNE;

PAR

M. C. Bergeron,

Ancien élève de l'École polytechnique et de l'École d'application
de l'artillerie et du génie.

Deuxième Mémoire.

LYON.

IMPRIMERIE DE DUMOULIN, RONET ET SIBUET,

Quai Saint-Antoine, N° 33.

1840.

CANAL SOUTERRAIN

DE LA LOIRE.

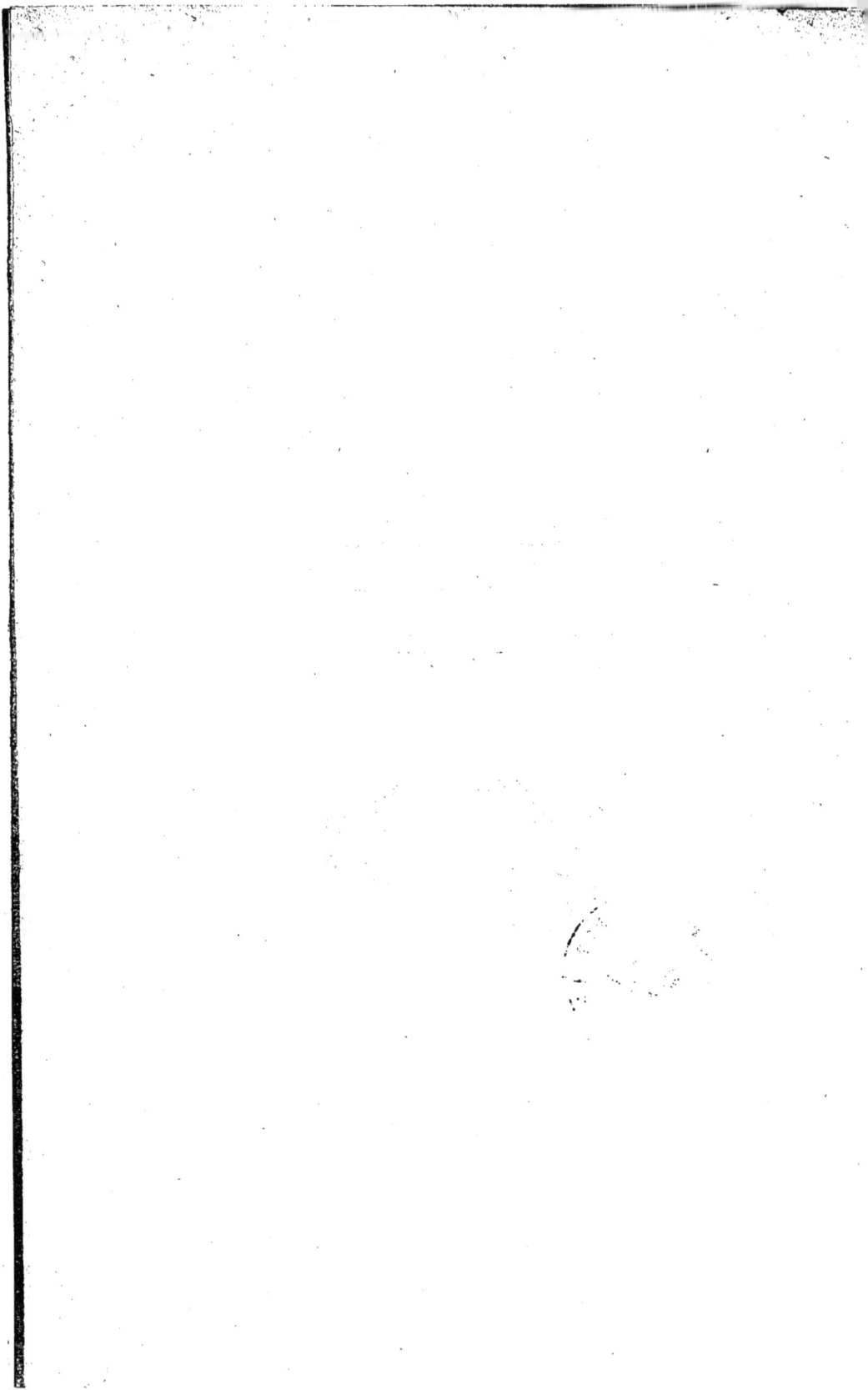

CANAL SOUTERRAIN DE LA LOIRE.

PROJET

POUR OPÉRER LA

JONCTION DU RHÔNE ET DE LA LOIRE,

EN PROLONGEANT LE CANAL DE GIVORS,

DEPUIS LA GRAND-CROIX JUSQU'A ANDRÉZIEUX,

A TRAVERS LE BASSIN HOUILLIER DE ST-ÉTIENNE;

PAR

M. C. Bergeron,

Ancien élève de l'École polytechnique et de l'École d'application
de l'artillerie et du génie.

Deuxième Mémoire.

LYON.

IMPRIMERIE DE DUMOULIN, RONET ET SIBUET,
Quai Saint-Antoine, N° 53.

1840.

CANAL SOUTERRAIN DE LA LOIRE.

PROJET

POUR OPÉRER LA

JONCTION DU RHONE ET DE LA LOIRE,

EN PROLONGEANT LE CANAL DE GIVORS

DEPUIS LA GRAND-CROIX JUSQU'A ANDRÉZIEUX,

A TRAVERS LE BASSIN HOUILLIER DE ST-ÉTIENNE.

Deuxième Partie.

J'ai avancé l'année dernière, que la jonction du Rhône et de la Loire pouvait s'effectuer au moyen d'un bief de 20,000 mètres de longueur, conservant le même niveau depuis St-Chamond jusqu'à Andrézieux ; j'avais pensé de prime abord que sur la longueur totale, il y aurait au moins 18,000 mètres de galeries souterraines. Les nivellements que j'ai faits avec le plus grand soin m'ont prouvé qu'on pourrait réduire ce chiffre à 16,000 mètres.

Pour faire comprendre la possibilité d'un tel ouvrage, on me permettra de faire l'histoire abrégée et la description des principaux souterrains exécutés dans nos contrées, et chez les peuples où l'on s'est occupé avec succès des travaux publics.

On me pardonnera si je fais de l'histoire ancienne, ou si je répète des choses qui sont connues de tout le monde.

Une idée nouvelle, serait-elle une vérité manifeste, a rarement le privilége d'être bien accueillie en venant au jour. Pour plaire, elle est obligée souvent de passer par des sentiers battus, et de s'environner d'un cortége de lieux-communs.

La construction des *tunnels*, ou voies souterraines, a eu son origine dans des temps très-anciens. On cite comme exemples des travaux les

I

plus mémorables qui furent exécutés en ce genre, un percement creusé depuis la mer jusqu'au lac Copias en Béotie, et ceux établis entre la Méditerranée et les lacs formés en Égypte par les inondations du Nil.

Les Romains s'en servirent beaucoup pour leurs aqueducs ; et des collines d'une immense étendue furent de la sorte traversées de part en part. La longueur totale des souterrains qu'ils ont creusés, pour amener les eaux du mont Pilat, à la ville de Lyon, est de 47,000 mètres environ. L'aqueduc des Maines, construit en Provence pour alimenter la ville d'Aix au moyen des eaux des Tranconades, traversait une montagne dans une longueur de 6,000 toises.

Il est difficile de comprendre comment on pouvait exécuter de pareils ouvrages à une époque où les propriétés de la poudre et de l'acier n'étaient pas connues. De nos jours, sans ces deux puissants auxiliaires, on peut affirmer que la plus grande partie de nos richesses minérales resterait à jamais enfouie. Dans des temps plus modernes, mais encore éloignés de nous, l'empereur Charles-Quint, pour son grand canal impérial de la Navarre, avait tenté de percer une montagne sur une longueur de 8,000 toises. L'abdication de ce grand homme, l'absurde politique de Philippe II son fils, et sans doute aussi l'insuffisance des moyens mécaniques que l'on ne connaissait pas alors comme aujourd'hui, firent interrompre ce travail extraordinaire.

GRANDS SOUTERRAINS EXÉCUTÉS OU PROJETÉS EN FRANCE.

Canal du Midi.

Le premier percement navigable exécuté en France l'a été par Riquet pour son célèbre Canal du Midi. Il porte le nom de souterrain de Malpas, et n'a que 155 m. 84 c. de longueur. Il a été creusé dans un tuf sablonneux, en général très-peu consistant. J'ignore à quel prix est revenue sa construction ; mais d'après la nature du sol et par suite de la grande quantité d'eau qui y affluait, tout porte à croire qu'il a coûté fort cher.

Canal Saint-Quentin.

Pendant près d'un demi-siècle, tout le nord de la France, et principalement la Picardie, ont été vivement préoccupés de ce Canal. Il était destiné à joindre les sources de l'Escaut et de la Somme, afin de faire communiquer Paris avec les mers du Nord. La nécessité de cette communication s'était fait sentir si vivement, qu'en 1727 un ingénieur militaire nommé Devicq fit un projet très-détaillé qu'il adressa au ministère de la guerre, et dans lequel il prouva que pour passer de la vallée de la Somme dans celle de l'Escaut, il fallait : 1° Faire un canal à ciel ouvert depuis St-Quentin jusqu'au Tronquoi ; 2° De cet endroit dans la vallée de l'Omignon, petit affluent de la Somme, un souterrain de 700 toises ; 3° Une partie de 3,440 toises à ciel ouvert devait être creusée dans la vallée de l'Omignon ; 4° Le canal entrait dans celle de l'Escaut par une seconde galerie de 4,140 toises.

Ce projet, qui a été exécuté depuis, resta long-temps enfoui dans les cartons du dépôt de la guerre, et en 1766 et 1767, M. Laurent, ingénieur, attaché à M. le duc de Choiseul, fut chargé d'étudier ce canal. On pensa généralement qu'il avait eu connaissance du projet de M. Devicq ; mais sans en avoir fait aucune mention, il en présenta un nouveau, différent de l'autre en ce point, que la communication entre les deux vallées ne se faisait plus que par une seule galerie de 7,020 toises (13,681 m. 98 c.) de longueur, au lieu de deux souterrains séparés par une partie à ciel ouvert. Ce nouveau projet fut accueilli avec beaucoup d'enthousiasme par tous les hommes de l'art et du gouvernement. Le ministre en ordonna l'exécution, et il affecta une somme de 300 mille livres chaque année à la dépense du canal, dont les travaux furent confiés à la direction de M. Laurent son auteur. Ils étaient entrepris en 1769, lorsque M. Laurent mourut. Son neveu M. Laurent de Liomes voulait les continuer ; mais il fut forcé de s'arrêter par suite du manque de fonds dans les coffres de l'État. Cette disette était le résultat de la guerre d'Amérique. A la paix de 1781, la famille Laurent demanda à continuer le canal à ses risques et périls, à la condition que le gouvernement lui fournirait la moitié des fonds nécessaires, et qu'elle aurait pendant 108 ans le droit de percevoir tous les revenus du canal. A cet effet des lettres-patentes lui furent accordées en 1783 ; mais le parlement refusa de les enregistrer, et tous les travaux restèrent suspendus. Après les guerres de la République, le gouvernement des consuls sentit la nécessité de reprendre le canal Laurent. Le projet de M. Devicq fut alors exhumé des bureaux du ministère de la guerre, et mis en concurrence avec celui de son rival. Alors, pendant plusieurs années consécutives, on vit des commissions d'ingénieurs se prononcer tantôt pour l'un tantôt pour l'autre. Enfin, le 15 ventôse an IX, l'assemblée générale des ponts-et-chaussées, appelée à donner son avis d'une manière irrévocable, décida, à la majorité de 21 voix contre 9, que le canal Laurent devait être préféré au canal Devicq.

Je ferai remarquer ici avec raison à ceux qui regardent mon projet comme une utopie, un rêve, ou un conte des Mille et une Nuits, que le souterrain de M. Laurent, à peu près aussi long que le mien, avait conquis cependant l'opinion de la grande majorité des membres de l'assemblée des ponts-et-chaussées; et la minorité qui protesta contre la décision prise, n'a jamais, dans ses mémoires, nié la possibilité du canal Laurent. Le célèbre astronome Lalande, dans son ouvrage sur les canaux navigables, regardait même ce dernier projet comme le seul exécutable.

Malgré l'avis de l'assemblée des ponts-et-chaussées, le gouvernement, par un arrêté consulaire, adopta d'une manière définitive le projet Devicq. Les travaux furent entrepris sur cette nouvelle ligne et conduits sans interruption jusqu'à leur entier achèvement qui eut lieu en 1810. Alors on s'aperçut qu'il y avait eu erreur dans les calculs d'alimentation de ce canal, et que pour avoir une moindre longueur de souterrain, on s'était exposé à manquer des eaux nécessaires au service de la navigation. Aussi, des ingénieurs très-distingués pensent encore aujourd'hui qu'on aurait peut-être mieux fait de s'en tenir au projet Laurent. On est à peu près certain que dans celui-ci le bief de partage aurait toujours été alimenté par les sources de l'Escaut et de la Somme, et que les eaux ne s'y seraient pas perdues dans le sol comme cela est arrivé plus tard au souterrain Devicq.

Jusqu'en 1828 on n'était jamais parvenu à lui donner un tirant d'eau de plus de 1 m. 05 c., et les bateaux qui arrivaient de l'Oise, de la Seine, ou de la Somme, étaient obligés d'alléger une partie de leur cargaison. Le gouvernement se sentit incapable de remédier à cet inconvénient et concéda tous les droits du canal pendant 22 ans à MM. Honorez, entrepreneurs, à condition que ceux-ci feraient toutes les réparations nécessaires. Ils dépensèrent environ 4 millions en travaux d'art et en achat d'usines, pour le compte de l'État. Ils coulèrent du béton dans les endroits où les eaux s'infiltraient, et parvinrent, au bout de peu d'années, à fournir au bief de partage un tirant d'eau de 1 m. 60 c. En échange de ces sacrifices, ils purent jouir d'un immense revenu, qui va toutes les années à plus d'un million de francs. Si, comme nous l'avons dit tout-à-l'heure, le souterrain Laurent s'était achevé, il n'aurait jamais manqué d'eau, et le gouvernement n'aurait pas perdu, ainsi qu'il l'a fait, tous les produits du canal pendant 22 ans. Cet exemple peut servir de leçon pour l'avenir; et quand deux projets de canaux seront mis en présence, il conviendra de choisir celui qui, même en nécessitant une dépense d'exécution plus grande, offrira des moyens d'alimentation toujours suffisants. Les deux souterrains qui se trouvent aujourd'hui dans le bief de partage du canal de St-Quentin sont désignés sous les noms de grand et de petit souterrains. Celui de Riqueval a 5,677 mètres, et celui de Tronquoi 1,100 mètres. La partie voûtée du grand souterrain a 2,400 mètres de longueur : il reste encore 3,277 mètres qui ne le sont pas, et qui n'ont pas bougé depuis le commencement des travaux.

Le petit souterrain est voûté dans toute sa longueur. La voûte a 8 mètres de largeur en plein cintre ; de chaque côté il y a des banquettes de 1 m. 40 c. La largeur à la ligne d'eau se trouve ainsi réduite à 5 m. 20 c. Les banquettes sont en maçonnerie, sur une largeur moindre que celle des parties voûtées.

M. Dutens, dans son histoire de la navigation intérieure, porte la dépense des deux souterrains à 3,500,000 francs, ce qui fait environ 500 francs par mètre courant.

Dans un Rapport de la commission des canaux du 17 novembre 1821, dans un mémoire adressé à M. le directeur général des ponts-et-chaussées concernant le tracé du canal des Ardennes, il est dit : « Le canal souter- « rain de St-Quentin, de 8 mètres de largeur et de 8 mètres de hauteur « sous clef, ne coûte qu'à peu près 500 francs le mètre, y compris les « revêtements en briques.

On lit encore dans le bel ouvrage de M. Brisson, intitulé *Essai d'un système général de navigation intérieure* : « Le canal souterrain de St- « Quentin, de 8 mètres de largeur et de 8 mètres de hauteur sous clef, « revient assez exactement à 500 francs le mètre courant, y compris les « voûtes. »

Malgré ces autorités, on affirme généralement aujourd'hui que le mètre courant des souterrains du canal de St-Quentin a coûté plus de mille francs. On comprend alors dans cette somme les dépenses faites par MM. Honorez pour mettre le bief de partage à l'abri des infiltrations. Au reste, il ne serait point étonnant qu'on ait atteint le chiffre de mille francs, car le terrain, en certains endroits, a été très-difficile à traverser. On a été géné par les eaux, et il y est survenu des éboulements qui se sont quelquefois étendus jusqu'au niveau du sol. Dans un cahier du cours de l'école des ponts-et-chaussées, on décrit ainsi un de ces accidents :

« Quand l'éboulement arriva, on a balancé long-temps sur le parti à « prendre. On s'entêta d'abord à enlever toutes les terres éboulées pour « faire la voûte, et rejeter ensuite les terres par-dessus ; mais le fond du « souterrain était à environ 130 ou 140 pieds de profondeur, de manière « qu'il y avait environ 110 pieds de hauteur de terre à rapporter après « avoir fait la voûte.

« On a donc essayé d'enlever toutes les terres éboulées ; mais, quelque « activité qu'on y ait mise, les parois du trou coulaient toujours avant « qu'on fût à fond. La première année, on avait fait des puits latéraux « pour vider les déblais. On était à peu près arrivé au fond à la fin d'oc-« tobre, et il est alors survenu des pluies qui ont tout fait ébouler. L'an-« née suivante, on avait établi sur le trou lui-même un vaste plancher « qu'on avait couvert de treuils et d'ouvriers pour faire les déblais. Il est « arrivé en septembre un orage qui a fait tout tomber ; terres, plancher, « attirail, tout s'est écroulé au fond du trou. »

On a fini par se décider à passer par dessous au moyen des galeries étagées, soutenues par des cadres de blindage. Si des éboulements de cette nature ont été nombreux, et si l'on a toujours procédé de la même manière pour les traverser, il ne faut point être surpris que le chiffre de la dépense ait atteint 1,000 francs par mètre.

A raison de ce que le canal projeté devra être tout entier creusé dans un rocher dur, et que sa section est tout au plus de 30 mètres carrés, tandis que celle du canal St-Quentin en a 50 environ, il est bien permis de supposer que la somme de 600 fr. par mètre, que j'ai fixée en premier lieu, n'est point démesurément trop faible.

Canal de Bourgogne.

Les mêmes embarras qui s'étaient fait sentir pour le tracé du bief de partage du canal de St-Quentin, se renouvelèrent pour celui de Bourgogne, et divers projets arrivèrent à la fois pour faire hésiter pendant un grand nombre d'années sur le parti qu'il y avait à prendre. L'ingénieur Laurent, qui s'était rendu célèbre par son projet de souterrain de 13,681 m. 98 cent., en proposa un autre de 20,000 mètres pour passer de la vallée

de la Saône dans celle de la Loire, en traversant la montagne de Saubernon. Ce percement de 20,000 mètres a surpris quelques ingénieurs;
d'autres n'en ont point été effrayés, et voici ce qu'on lit dans un Mémoire
sur les Canaux, publié au commencement du siècle :

« L'on était en France trop incertain sur le succès de ces longs ca-
« naux souterrains, pour que le système de l'ingénieur Laurent n'éprouvât
« pas de grandes contradictions. Il ne m'appartient pas d'émettre une
« opinion sur les travaux de cette nature. Les gens de l'art les plus habiles
« sont divisés et ne s'accordent pas sur le degré de difficulté de ces
« sortes d'entreprises; cependant nous voyons qu'en Angleterre le duc
« de Bridgewater a fait ouvrir un canal souterrain qui a 22,015 mètres
« de longueur. »

Je ferai observer ici, comme je l'ai fait pour le canal de St-Quentin,
que si le grand percement de Saubernon, projeté par l'ingénieur Laurent,
avait pu constamment procurer de l'eau à tous les biefs du canal, on a
eu tort de passer par Pouilly; car l'alimentation du bief de partage actuel
a déjà coûté et coûtera encore des sommes énormes au gouvernement; et
malgré les nombreux travaux exécutés tant en rigoles qu'en réservoirs,
on n'a pas pu mettre la navigation à l'abri de tout chômage forcé. C'est
en 1822 qu'on a commencé le creusement du souterrain de Pouilly dont
voici les dimensions :

La voûte est en plein cintre, et a 6 m. 60 c. de diamètre intérieur. La
largeur à la base est de 5 m. 70 c. La hauteur des pieds droits est de 3 m.
50 c. Le radier qui forme le sol du souterrain a 0 m. 30 c. de flèche au
milieu. Au mois de mars 1823 on avait ouvert en régie les 32 puits par
lesquels devait s'effectuer le percement dans toute sa longueur de 3,333
mètres.

Je ne veux point faire à l'administration le reproche d'avoir employé
le système de régie pour l'exécution de ce souterrain. Il est des cas où,
dans un travail spécial, on est obligé de prendre des hommes à la journée
faute d'entrepreneurs. A Pouilly, on se trouvait généralement éloigné des
lieux d'exploitation des mines. Les travailleurs qu'on employa avaient
l'habitude de travailler en plein air et sur des terrains convenablement
secs. Ils se trouvèrent bien embarrassés quand ils durent creuser des puits
et des galeries souterraines. La surveillance qu'il fallut exercer constamment sur eux devint de plus en plus difficile, à mesure qu'ils descendaient

plus avant sous terre. Il est résulté de là, que les premiers mètres courants des puits creusés, dans un terrain facile, ont coûté près de 200 fr. chacun. Un pareil ouvrage, entrepris à St-Étienne ou dans les environs, ne serait pas revenu à plus du tiers de cette somme.

Quand on entra en galeries, on reconnut que le terrain n'offrait point de consistance ; il s'éboulait de toutes parts et les eaux affluaient en quantité considérable de manière à arrêter les travailleurs.

Il fallait creuser des puits supplémentaires seulement pour épuiser les eaux, et ce ne fut que par de grands sacrifices qu'on parvint à surmonter tous les obstacles qui naissaient pour ainsi dire à chaque pas.

Voici la description de la manière dont on s'est avancé dans le souterrain. Elle est extraite du numéro 1er de l'*Atlas du mineur et du métallurgiste.*

« Le terrain était un calcaire à gryphées arquées, composé alternati-
« vement de couches de marne et de calcaire. Le peu de solidité de ces
« couches, et la grande dimension du souterrain, ont nécessité l'emploi
« de moyens particuliers pour son percement.

« On a approfondi les puits jusqu'au sol du souterrain ; puis on a percé
« à droite et à gauche de ces puits des galeries de 3 mètres de hauteur sur
« 2 m. 50 c. de largeur. En même temps on perçait, suivant l'axe du sou-
« terrain, une autre galerie dont le plafond était celui qu'on voulait donner
« à l'excavation, et qui avait 3 mètres de hauteur sur 2 m. 50 c. de
« largeur. Les eaux venant de cette galerie descendaient par des puits
« dans les deux galeries inférieures, d'où on les tirait au jour dans cha-
« que puits au moyen de pompes.

« Ce mode d'action exigeait un système de pompes sur chaque puits,
« tant que ceux-ci ne communiquaient pas entr'eux. Il aurait mieux
« valu sans doute percer de suite une grande galerie d'écoulement sui-
« vant l'axe du souterrain, pour n'avoir de machine d'épuisement que
« sur un seul point. Dans les deux galeries inférieures on bâtissait, à me-
« sure qu'on avançait, les deux pieds droits de la voûte du souterrain. Ces
« pieds droits avaient 3 m. 50 c. de hauteur, 1 m. 50 c. d'épaisseur à
« la base, et 1 mètre à la partie supérieure.

« Il fallait enlever ensuite toute la portion du massif qui occupait la
« place où devait se trouver la voûte. Pour cela, on divisa toute la lon-
« gueur du souterrain en massifs qui avaient alternativement 3 mètres et

« 4 m. 5o c. de longueur; on commença par attaquer à la fois tous les
« massifs de trois mètres; on abattit à la fin sur les deux côtés de la ga-
« lerie supérieure, en laissant intact le massif qui séparait les deux galeries
« inférieures. On soutenait le toit à l'aide de toits verticaux et inclinés qui
« s'arc-boutaient les uns les autres, en se reliant au toit de l'excavation
« par des madriers disposés suivant la longueur du souterrain. L'abattage
« se faisait à la poudre. On conçoit qu'il présentait de grandes difficultés,
« puisque les mineurs étaient obligés d'être constamment dressés pour
« travailler à la voûte; quand l'espace destiné à recevoir la voûte fut évidé,
« on posa les cintres. Ils s'appuyèrent à la fois sur le massif inférieur et
« sur des piliers verticaux placés dans les deux galeries latérales. Les boisages
« qui soutenaient le toit et la galerie, avaient toujours une direction nor-
« male à celle du souterrain, et venaient s'appuyer sur les cintres. On
« éleva la voûte; et quand elle fut finie, on la recouvrit d'une couche de
« ciment romain d'environ o m. o5 c. d'épaisseur. On ménagea, dans l'in-
« térieur de la maçonnerie, des canaux qui conduisaient dans l'intérieur
« du souterrain les eaux qui arrivaient à la surface de la voûte. Toutes
« les jointures entre les différentes assises de maçonnerie furent soigneu-
« sement garnies avec du ciment de Pouilly. On a employé dans tous les
« travaux maçonnés de la chaux hydraulique provenant de la cuisson du
« calcaire argileux qu'on trouve dans le lias. L'intervalle compris entre
« la chappe en ciment et le toit de l'excavation, est rempli avec des moel-
« lons de formes irrégulières. On a été obligé de ménager d'abord un in-
« tervalle afin de pouvoir appliquer la chappe de ciment romain. Quand
« on a eu achevé toutes les parties de voûte de 3 mètres de longueur,
« on a fait subir la même opération aux massifs intermédiaires de 4 m. 5o c.
« Quand ils ont été évidés, on a fait glisser les cintres pour les faire ar-
« river dans cette nouvelle partie, puis on a construit au-dessus une
« voûte qu'on a raccordée des deux côtés avec les deux parties précédem-
« ment construites, etc.

C'est-à-dire que pour faire ce percement, les conditions du terrain
étaient si défavorables qu'il a fallu agir comme le charron qui, pour percer
une ouverture assez large dans le moyeu d'une roue, commence par faire
à la tarière un certain nombre de trous contigus dont il enlève ensuite les
séparations. Au lieu d'une seule galerie de 6 mètres de largeur moyenne
et de 6 mètres de hauteur, il a fallu d'abord en faire trois parallèles

dans de petites dimensions ; puis couper ces trois galeries par d'autres trans-versales, et les réunir ensuite quand le souterrain a été soutenu par de petites voûtes en maçonnerie placées à 4 mètres de distance.

À l'aspect d'un travail aussi compliqué, et en songeant que l'ouvrage est d'une solidité telle qu'il peut subsister pendant des siècles, sans néces-siter la moindre réparation, on doit se rendre compte de sa dépense extraor-dinaire qui, en 1829, lorsqu'il fut achevé, montait à 5,893,958 fr. 04 c. On a fait ensuite quelques modifications aux puits, et la dépense totale a fini par s'élever à 6 millions, ou pour 3,333 mètres, environ 1900 francs par mètre courant.

Quand un ingénieur présente pour la première fois un projet analogue à un travail déjà exécuté, il lui convient de se mettre au point de vue le plus défavorable, et de prendre pour base de ses calculs le chiffre le plus désavantageux. A ce compte, on voudra peut-être m'obliger à fixer à 1900 fr. au lieu de 600 le prix de revient du mètre courant du souterrain de la Loire ; mais je m'opposerai de toutes mes forces, et avec raison, à une pareille déduction. Je soutiendrai d'abord que le souterrain de Pouilly, ayant été exécuté en régie, à la journée, par des ouvriers peu exercés dans ce genre de travail, a dû nécessairement coûter au moins 25 p. 100 de plus que s'il avait été creusé par nos mineurs habiles de St-Étienne.

J'ajouterai encore que la nature de tous les terrains qui composent le bassin houillier de Saint-Étienne, Saint-Chamond, Rive-de-Gier, est par-faitement connue. On est à peu près certain que le sol est partout assez résistant pour permettre d'attaquer d'ensemble la galerie sur toute sa largeur. On est assuré aussi de ne point rencontrer des eaux en trop grande affluence. Ces avantages permettraient de pousser l'économie à la moitié de la différence déjà obtenue.

C'est-à-dire : 1° Si le bief de partage de Pouilly, avec les conditions dé-favorables de son sol, avait été près de Saint-Étienne, par la facilité de donner l'ouvrage à entreprise et de trouver des mineurs capables, on aurait creusé le souterrain à raison de 1500 fr. le mètre courant.

2° Si la nature du terrain, au lieu d'être composée de couches de cal-caire et de marne sans la moindre consistance, avait été de granit, de rocs schisteux micacés, de grès houillier et de poudingue résistants, on aurait gagné moitié du dernier prix, et le mètre courant ne serait revenu qu'à 750 francs.

Canal des Ardennes.

Il n'y a qu'un seul souterrain au canal des Ardennes. Ses dimensions sont les suivantes :

Hauteur sous clef,	6 m.	5o c.
Largeur au fond,	5	6o
Largeur à la ligne d'eau,	7	oo

La longueur est de 262 mètres seulement, ce qui n'est point remarquable. Néanmoins, il est bon de dire pourquoi il a été fait. On a voulu éviter un grand contour de la rivière de Bar vers la montagne de Cheveuge, et on a jugé préférable de traverser cette montagne par un souterrain. Il se trouve ainsi des circonstances où, pour épargner seulement à la navigation un parcours trop étendu, on ne recule pas devant des travaux aussi coûteux. J'ignore à combien est revenu le mètre courant du souterrain des Ardennes. Il est probable qu'il n'a pas coûté bien cher, car le rocher que l'on a traversé était très-favorable, et les couches, quoique inclinées aux extrémités de la montagne, étaient généralement horizontales dans le milieu. Cette dernière condition simplifie beaucoup les creusements et contribue aussi à leur solidité.

Canal du Nivernais.

Il y a plusieurs souterrains au bief de partage du canal du Nivernais. On a rencontré pour les creuser de grandes difficultés. Les bancs de rocher calcaire qu'il a fallu couper étaient très-durs, et ils étaient séparés entre eux par des bancs de sable sans consistance, ce qui a exigé à la fois un terrassement à la mine très-coûteux et des maçonneries dont l'établissement était très-difficile. On n'a pas encore terminé ce canal, et on présume que le mètre courant reviendra à plus de 2,000 fr.

Canal de Roubaix.

On doit avoir achevé, depuis quelque temps déjà, le souterrain de 2,000 mètres du canal de Roubaix dont M. Brame de Lille a obtenu la concession par ordonnance royale du 3o novembre 1825.

Dans le compte, présenté par le concessionnaire, des sommes avancées pour la confection du canal, on voit un article ainsi conçu :

« *Forfait* pour l'exécution du souterrain, l'achèvement de tous les

« ouvrages et des terrassements, et d'autres travaux, 2,631,000 fr. » En supposant que les travaux accessoires dont il est question ici soient comptés pour 631,000 fr., il reste 2 millions pour le souterrain, ou mille francs par mètre courant. Ses dimensions sont assez grandes pour laisser passer les plus larges bateaux qui font la navigation des canaux du Nord. On y a rencontré de grandes difficultés provenant de la nature du sol, dans lequel les sources étaient très-abondantes et où l'on a par conséquent eu beaucoup d'épuisements à effectuer.

Canal St-Maur.

Le canal de St-Maur, par une tranchée de 550 mètres de longueur et un souterrain de 600 mètres, épargne dans la navigation de la Marne un détour de 4 lieues; et cette considération jointe à l'avantage de procurer une magnifique chute d'eau, a fait juger indispensable la création d'un pareil projet. La largeur du souterrain est de 9 mètres. C'est le plus large que l'on ait fait en France. Ce canal, en y comptant tous les travaux qui ont été faits pour les écluses, les bassins, les gares, les chutes d'eau, etc., est estimé avoir coûté environ 3 millions. Il m'est impossible de pouvoir fixer un prix pour le mètre courant du souterrain, attendu que je n'ai pu me procurer le revient de chaque travail pris en particulier.

Souterrains du département de la Loire.

Après avoir donné une description abrégée de quelques souterrains du nord de la France, nous nous occuperons de ceux de notre département. Nous y trouverons des données bien en rapport avec la question qui nous occupe; car les tunnels sont creusés ou dans le roc primitif ou dans le terrain houillier, comme le serait la galerie entre la Loire et St-Chamond. Nous avons déjà dit qu'il était bien plus facile d'attaquer cette sorte de rocher que de traverser une sorte d'alluvion; parce que, dans ce dernier cas, on ne peut jamais prévoir ce que l'on rencontrera. On est arrêté, tantôt par des sources, tantôt par des sables mouvants ou des bancs d'argile sans consistance, et toujours il faut soutenir les voûtes au moyen de maçonneries très-coûteuses. Cela n'a pas lieu en général pour les terrains de nature houillière ou primitive; et nous voyons à St-Étienne, Rive-de-Gier et Givors, plusieurs ouvrages qu'il n'a point été nécessaire de voûter.

Souterrains du canal de Givors.

Je citerai d'abord le souterrain du canal de Givors. Creusé dans le roc schisteux, il n'a subi aucune altération depuis qu'il existe.

Petits tunnels du chemin de fer entre Rive-de-Gier et Givors.

Ensuite cinq ou six petits tunnels où passe le chemin de fer de St-Etienne à Lyon entre Rive-de-Gier et Givors. Le mètre courant de chacun de ces ouvrages a coûté fort peu, parce qu'il n'a fallu y employer aucune précaution pour arrêter les eaux ou prévenir les éboulements.

Souterrains de Terre-Noire et de Rive-de-Gier.

Il n'en a pas été de même pour les souterrains de Rive-de-Gier et de Terre-Noire, où des sommes énormes ont été enfouies. Il a fallu donner aux galeries une largeur de 3 m. 10 c. seulement ; et malgré cette dure nécessité, on ne porte qu'à 900 francs le prix de revient du mètre courant. Pour bien comprendre comment on a été forcé de dépenser cette somme, il est bon de savoir que le terrain où l'on a passé avait été anciennement fouillé pour en tirer du charbon, et qu'il a fallu traverser de vieilles galeries où l'on a rencontré mille embarras pour s'appuyer d'une manière solide.

Il est bon de savoir encore que toutes ces anciennes excavations étaient remplies d'eau, et les travailleurs du grand souterrain ont été bien souvent arrêtés par leur grande affluence ; que les couches, étant très-inclinées, n'offraient pas assez de résistance pour l'établissement des pieds droits. On avait cru devoir donner seulement 30 centimètres d'épaisseur aux maçonneries, et quand on a décintré, une partie des voûtes s'est affaissée. Il a fallu recommencer avec de nouveaux frais ; et après avoir employé des briques, on a fini par mettre des moellons piqués. Enfin, quand les souterrains ont été reconnus assez solides pour y établir les rails, et y faire passer les wagons, de nouveaux affaissements se sont déclarés et leur réparation a coûté des sommes considérables.

Ce ne sera donc point un exemple à fournir contre mon projet, en disant que le tunnel de Terre-Noire revient à 900 francs par mètre courant ; car on sait très-bien que partout où passe la ligne du canal projeté entre St-Chamond et la Fouillouse, il n'existe aucun travail de mines. Partout l'inclinaison des couches de rocher est très-faible, et offre assez de résistance pour soutenir les maçonneries. On est sûr aussi de n'être point gêné par les eaux.

Rigole souterraine de Couron.

Il vient de s'effectuer l'année dernière à Rive-de-Gier un travail souterrain qui, par la nature du sol que l'on a traversé, offre une base très convenable pour calculer les chances de celui que je propose. Je veux parler de la rigole de Couron. Elle a 2 mètres de hauteur sur 2 mètres de largeur dans les plus faibles dimensions, et près de 2000 mètres de longueur. Le rocher où on l'a creusée est très-dur. Elle est voûtée en maçonnerie sur un dixième de sa longueur totale ; et la profondeur de ses puits a été jusqu'à 71 mètres. Cette partie souterraine n'a pas coûté plus de 150 fr. par mètre courant, en y comprenant la dépense des puits, et elle a été entièrement achevée dans l'espace d'une année de travail. La rigole de Couron est tout entière creusée dans un rocher primitif, comme celui que nous rencontrerons dans les deux tiers de notre parcours.

Après avoir passé en revue les principaux souterrains qui existent dans notre pays et qui servent à la navigation intérieure, il convient de donner un extrait du tableau qui se trouve à la fin de l'ouvrage de M. Brisson, sur la canalisation générale de la France, afin de montrer l'étendue et l'importance des différents tunnels qui y sont projetés.

Canaux projetés en France par M. Brisson.

On y voit en première ligne que la rectification de la navigation de Paris à l'Oise, entre Saint-Denis et la Frette, exige 3,000 mètres de souterrains, lesquels sont estimés à 1,000 francs le mètre.

La ligne de Paris à Strasbourg exige 11,900 mètres de souterrains, estimés à 750 fr. le mètre.

Du port de Bouc à Marseille, il en faut un de 5,000 mètres, à 1,000 francs.

De Paris à la Loire, près l'embouchure de la Vienne, 3,000 mètres, estimés 500 francs.

De la Loire à la Dordogne, 6,500 mètres, à 1,000 fr.

Dans la ligne de Paris à la Rochelle, 6,000 mètres, à 1,000 fr.

Enfin de la Dordogne à la Loire, 2,500 mètres, toujours à 1,000 fr.

Ce qui fait en tout une longueur de 37,900 mètres pour les canaux à grande section qui devront être exécutés en France.

Pour les lignes de la navigation de second ordre, la longueur totale des souterrains projetés est de 127,600 mètres; et il est des parties qui exigent des tunnels d'une seule longueur de 11,000 mètres, comme au canal de Beauvais à Amiens, et de 12,500 pour la jonction de la Somme à la Scarpe et à la Sensée.

Ainsi, pour doter la France de tous les canaux dont elle a besoin, M. Brisson, un de nos plus célèbres ingénieurs, ne redoute pas de proposer l'exécution de travaux souterrains vraiment gigantesques; et il les affecte à des lignes toutes bien moins importantes que la jonction du Rhône et de la Loire par le bassin houillier de Saint-Etienne.

Pourquoi reculerait-on donc devant un percement de 16,000 mètres destiné à établir la ligne navigable la plus directe et la plus courte pour communiquer de Paris à Marseille, quand celle de Strasbourg exigerait près de 12,000 mètres de galeries souterraines? On aurait tort de m'objecter ici que ces 12,000 mètres ne sont pas affectés à un seul tunnel, mais bien à quatre différents; car je démontrerai qu'il est plus avantageux pour un canal d'avoir toutes les difficultés de navigation concentrées en un seul point, que disséminées sur toute sa longueur.

En effet, au moment où un batelier se présente à l'entrée d'un souterrain, il doit se conformer à certaines dispositions qui l'obligent à attendre souvent plusieurs heures, ou jusqu'à ce que la voie soit libre et qu'il soit accompagné d'un nombre déterminé de bateaux.

On comprend donc que plus le nombre des souterrains est multiplié, plus ces difficultés se représentent de fois. Si, au contraire, on les réunit en un seul, et que, par exemple, au lieu de quatre tunnels de 4,000 mètres, on n'en ait plus qu'un de 16,000, les pertes de temps occasionnées par le stationnement forcé des bateaux, seront nécessairement réduites. D'un autre côté, le système de halage usité dans les souterrains diffère essentiellement de celui employé en plein air. Ce sont ordinairement tous les bateliers d'un même convoi qui se mettent sur le premier bateau, et qui, au moyen d'un cable fixe ou d'une main courante en laiton, tirent après eux tous les bateaux attachés les uns aux autres. Les préparatifs de cette manœuvre sont toujours assez longs, et s'il n'y a qu'un seul souterrain au lieu de quatre, les pertes de temps seront trois fois moindres.

A ces deux considérations, il faut en joindre une autre encore plus importante. Il y aurait sans doute économie à employer un moyen mécanique pour faire marcher les bateaux dans un grand souterrain, et ce moyen ne serait plus dans des conditions aussi avantageuses, s'il fallait le diviser et l'appliquer séparément à de petits tunnels placés de distance en distance.

Canal de la Saône à la Moselle projeté par M. Cordier.

Après que M. l'ingénieur Brisson eut publié son *Essai sur la navigation intérieure*, dans lequel plusieurs lignes très-importantes ont été oubliées, entre autres celle qui fait l'objet de ce Mémoire, M. Cordier, inspecteur divisionnaire des ponts-et-chaussées, proposa de joindre la Moselle à la Saône, à peu près dans les mêmes termes que je l'ai fait pour la jonction de la Loire au Rhône.

J'ignorais l'existence d'un semblable projet quand j'ai fait imprimer la première partie de ce Mémoire. Si je l'avais connu, je n'aurais pas manqué de m'en servir comme d'une arme pour répondre à ceux aux yeux desquels une idée nouvelle n'a de valeur que lorsqu'elle est produite par un homme dont la réputation est déjà bien établie. M. Cordier est un des plus célèbres ingénieurs de notre époque. Les départements du nord de la France lui doivent une grande partie de leurs richesses industrielles, par les ports de mer qu'il a améliorés, par les routes et les canaux qu'il a fait construire. Son autorité doit donc être d'un grand poids dans la question qui nous occupe.

Voici un extrait de son Mémoire, publié en 1828 :

« Jusqu'alors, en France, et jusqu'à ce jour, on peut dire qu'on n'a en-
« core exécuté que peu de travaux, relativement aux ouvrages entrepris
« en Angleterre, et chez le peuple actif du Nouveau-Monde, qui met moins
« de temps à concevoir, à entreprendre et à terminer les plus grandes en-
« treprises, que nous n'en perdons à les discuter.

« C'est à ce défaut d'expérience qu'il faut en partie attribuer la timidité
« d'une part, et les mécomptes de l'autre. Si les travaux coûtent deux
« fois plus en France que les estimations ne l'avaient prévu, cet excédant
« est une suite inévitable du mode d'évaluation, d'exécution, et de notre
« législation des travaux publics.

« Lorsqu'un ingénieur fait un projet, il prend sur les lieux les prix de
« main-d'œuvre et de matériaux ; mais si l'entreprise exige le rassemble-
« ment, dans un pays peu habité, d'une grande masse d'ouvriers, le prix

« de chaque travailleur se trouve déterminé par l'exigence des ouvriers
« appelés de plus loin, qui demandent avec raison des frais de déplace-
« ment, de logement, etc. Plus le travail est considérable, plus les ouvriers
« viennent de loin, et plus la main-d'œuvre est chère dans les premiers
« temps.

« A la longue, on arrive sur les ateliers de toutes parts; on organise le
« service des logements, des approvisionnements; et si une bonne règle
« est établie, la concurrence fait baisser les journées. Toutefois, on doit
« prévoir que plus la masse d'ouvrage est grande, et plus les dépenses
« d'un même travail seront élevées. Depuis cinquante ans, les propriétés
« ont triplé de valeur; et les tribunaux qui exproprient pour cause d'uti-
« lité publique, accordent encore au-delà de la valeur vénale. Il en est
« résulté que les dépenses de plusieurs canaux s'élèveront à deux ou trois
« fois les évaluations.

« Ces observations étaient nécessaires pour montrer que M. Lecreulx
« n'a pas fixé les évaluations à moitié de la somme qu'on dépenserait pour
« ce projet, après un intervalle de cinquante années. Les écluses, fixées à
« 20,000 fr. coûteraient, avec de plus grandes dimensions, environ
« 60,000 fr. Il faudrait, pour un trajet de six lieues, porter la dépense
« des ouvrages au moins à seize millions de francs.

« Les deux projets présentés par M. Lecreulx, pour la traversée du bief
« de partage, nous paraissent, comme à lui, impraticables. En s'élevant
« jusqu'à l'étang de Cône, les 177 écluses à établir sur 41,000 mètres
« ou environ 8 lieues de 5,000 mètres, dépenseraient plus d'eau qu'on
« ne pourrait en fournir, *prendraient une semaine pour le trajet, occa-*
« *sionneraient des réparations continuelles,* de fréquents chômages, et des
« frais de surveillance, de manœuvre, d'entretien, qui absorberaient les
« produits.

« Les sas ne seraient pas éloignés entre eux de 200 mètres ; ainsi chaque
« bief ne servirait point de réservoir ; il faudrait prendre sans cesse dans
« le réservoir supérieur, très-peu étendu, les eaux nécessaires à la dépense
« des sas intermédiaires.......

« Il faut donc renoncer à ce projet, en raison de l'excès de dépenses,
« des difficultés d'exécution, de conservation et d'alimentation.

« Nous proposons d'établir une galerie souterraine ayant son plafond
« à 30 pieds au-dessus du niveau des eaux de la Moselle, à l'époque de

2

« l'étiage; d'ouvrir en avant du souterrain, du côté de la Saône, une
« tranchée de 2,000 mètres de longueur et de 3o pieds de hauteur, terme
« réduit; et du côté de la Moselle, une tranchée de 3,000 mètres et de
« 5o pieds de hauteur, terme réduit. La longueur de la galerie serait de
« 14,000 mètres ou 3 lieues 1/2; la largeur de 7 mètres, et la profondeur
« d'eau de 4 mètres.

 « *Les travaux des tranchées et du souterrain seront considérés comme gi-*
« *gantesques dans une contrée éloignée des ouvrages des mines;* mais en se
« rendant compte de la puissance des moyens à employer et des succès
« obtenus ailleurs, on se convaincra que cette entreprise peut être cal-
« culée, relativement à la durée de l'exécution et aux dépenses à faire,
« avec plus de probabilité que les ouvrages projetés en lit de rivière.

 « Ce n'est point par un entraînement vers le merveilleux qu'on propose
« de donner à la galerie trois lieues et demie de longueur; les localités
« font une condition forcée du niveau du souterrain. Il faut y introduire
« à volonté et alternativement les eaux du Coney et de la Moselle, alimen-
« ter en toute saison le bief de partage, et y établir un courant ayant une
« vitesse d'une lieue par heure, pour conduire les bateaux d'une extrémité
» à l'autre, sans fatigue et sans l'intervention même du batelier.

 « Les hommes, pendant le trajet, se renfermeraient dans leurs cham-
« bres et n'auraient point à souffrir du froid ni de l'humidité.

 « Les bateaux, n'ayant que 3 pieds de largeur de moins que le souter-
« rain, seraient entraînés par le courant sans qu'ils pussent être tournés.

 « Les eaux de Coney étant souvent peu abondantes, on y suppléerait
« par la Moselle, qui peut en toute saison suffire à la navigation la plus
« active. Le bief de partage de 18,000 mètres de longueur et de 4 mètres
« de profondeur, pourrait, d'ailleurs, fournir des eaux au passage de 3oo
« bateaux, sans que le niveau du souterrain descendît au-dessous de 2 mè-
« tres, tirant d'eau adopté sur toute la ligne navigable de Châlons à Toul.

 « Cinquante ans plus tôt, cette entreprise n'eût pas été possible. En 1816
« elle eût encore coûté des sommes incalculables, les machines à vapeur
« perfectionnées et leur application en France n'étant pas alors bien con-
« nues; mais, dans l'état actuel des connaissances, on est certain de faire
« construire, dans les fonderies voisines de l'étang de Cône, les machines
« à vapeur et les routes en fer, nécessaires aux épuisements et au trans-
« port des matériaux. . . . .

« Nous avons calculé qu'en employant ces divers moyens et eu égard
« à la nature du rocher, qui est en général très-dur et d'une exploitation
« difficile, la dépense du souterrain, des tranchées et des écluses, depuis
« la Moselle jusqu'au niveau correspondant du Coney, s'élèverait à la
« somme de 12 millions.

« On pourrait sans doute réduire de moitié, des trois quarts la longueur
« du souterrain et des tranchées, et diminuer ainsi considérablement les
« dépenses ; mais il faudrait augmenter le nombre des écluses, renoncer
« à conduire dans le bief de partage les eaux de la Moselle, et perdre les
« avantages d'une navigation régulière et prompte et d'une puissance ca-
« pable de faire traverser le bief de partage par les bateaux, en quelques
« heures, sans le concours du batelier.

« On pourrait aussi diminuer de moitié la dépense en fixant à 3 m.
« 50 c. la largeur du souterrain, mais il faudrait rompre la charge des
« deux côtés, ce qui ôterait toute la valeur de cette communication des-
« tinée au commerce de la Méditerranée à la mer du Nord. »

Dans tout cet extrait du Mémoire de M. Cordier, qu'on substitue la
Loire à la Moselle et le Gier au Coney, il ne reste plus que mon projet présenté sous le jour le plus avantageux et appuyé de toute l'autorité d'un
nom illustre dans le corps royal des ponts-et-chaussées.

Longueur des tunnels projetés dans le chemin de fer de Paris à Strasbourg.

Dans les dernières années, où l'on s'est occupé beaucoup des études de
chemins de fer pour toute la France ; on a dû prévoir la nécessité de creuser un grand nombre de souterrains. Il y a parmi toutes ces lignes celle de
Strasbourg qui se fait remarquer par la longueur de ses tunnels. Leur développement total est de 18,048 mètres, chiffre qui n'a point effrayé les
ingénieurs des ponts-et-chaussées chargés de l'étude du chemin.

Ainsi, en ne prenant pour exemples que les souterrains les plus célèbres
projetés ou exécutés en France jusqu'à ce jour, je pourrais déjà, à juste
titre, non seulement prouver la possibilité de l'entreprise que je propose
d'exécuter, mais encore en soutenir les avantages d'économie préféra-
blement à toute autre ligne canalisée dont le point de partage serait placé
à St-Étienne ou aux environs.

Néanmoins les motifs que j'ai cherché à faire valoir seront bien plus
puissants encore, quand ils seront étayés des faits mémorables qui se

sont passés dans l'histoire des canaux d'Angleterre et dont je vais donner un extrait.

PRINCIPAUX CANAUX D'ANGLETERRE.

Canal du duc de Bridgewater.

Le premier canal construit en Angleterre fut celui du duc de Bridgewater commencé en l'année 1758. Alors la France possédait déjà le canal de Briare, le canal du Midi, et plusieurs autres étaient en projet ou en construction.

A un âge où l'on cherche ordinairement les plaisirs quand on a pour se les procurer un beau nom et une immense fortune, le jeune duc de Bridgewater songea à doter son pays d'une voie de communication nouvelle, et à donner le premier élan au mouvement industriel qui devait rendre la nation anglaise la plus riche de toute la terre.

Il possédait à Walden-Moor des mines de charbon très-importantes, situées par rapport à Manchester, centre de consommation, à peu près de la même manière que Rive-de-Gier et St-Étienne se trouvent placés à l'égard de Lyon. La houille extraite suivant la méthode ordinaire, c'est-à-dire au moyen de puits, était transportée jusqu'à Manchester par une route ou par la rivière l'Irwell qu'il fallait remonter, et sur laquelle on pouvait naviguer avec des barques de 50 tonneaux. Malgré cette commodité d'un roulage et d'une navigation naturelle, il jugea qu'un canal serait encore préférable; et sans écouter les plaisanteries des autres jeunes lords d'Angleterre qui le traitaient de fou, et qui l'engageaient à venir à Londres partager leur vie joyeuse et dissipée, il se fit aider des conseils d'un simple mécanicien nommé Brindley et construisit son canal avec ses propres revenus.

Il commença par élever sur l'Irwell un pont-aqueduc en maçonnerie de trois arches, dont les dimensions furent telles en largeur et en hauteur, que les barques pouvaient passer par dessous à pleines voiles. Ce merveilleux ouvrage fut commencé et achevé dans l'espace de dix mois ; et à sa suite, se prolongea le canal d'un seul niveau, jusqu'à Manchester, sur une longueur de 35 milles anglais, ou 56,315 mètres.

Du côté des mines, ce canal se termine par le grand bassin de Worsley-Mill, pouvant contenir et servir de port à un grand nombre de bateaux. Après que la partie à ciel ouvert eut été achevée, le duc aurait fort bien pu exploiter ses mines comme on le fait dans nos pays. Il aurait, pour cela, creusé des puits de distance en distance, et les charbons extraits par des chevaux ou des machines, auraient été transportés sur des tombereaux ou des wagons de chemin de fer, jusqu'aux bateaux stationnant dans le bassin de Worsley-Mill.

Il jugea cependant ce mode d'extraction trop arriéré et trop barbare, et il alla chercher directement ses charbons avec des bateaux naviguant dans des galeries souterraines dont je vais donner une description telle que je l'ai recueillie dans différents auteurs français ou anglais.

Dans le numéro des *Annales des Arts et Manufactures* de prairial, an IX, page 310, on lit ce qui suit :

« Les premiers essais de navigation souterraine, en Europe, ont été
« faits par le duc de Bridgewater; la réussite et l'expérience d'un grand
« nombre d'années l'ont engagé à augmenter successivement cette espèce
« de navigation. Depuis le premier percement, on s'est enfoncé de plus
« en plus dans l'intérieur des montagnes; ce n'est pas tout, on a em-
« ployé des plans inclinés pour s'élever à des niveaux supérieurs, et on
« navigue actuellement dans l'intérieur de la terre par des moyens jus-
« qu'alors inconnus, et qui, dans des siècles même aussi éclairés que le
« nôtre, paraîtraient fabuleux.

« Une courte description du canal de Bridgewater est indispensable
« pour l'intelligence de ces travaux intéressants. Vers le milieu du der-
« nier siècle, le duc de Bridgewater, de concert avec son ingénieur
« Brindley, projeta un canal pour transporter le charbon de ses mines
« jusqu'à Manchester. Il fallait percer une montagne afin de gagner le
« filons de charbon de terre; on pensa à faire exécuter un canal souter-
« rain, et malgré toutes les objections qu'on fit, dans le temps, sur la
« résistance des fluides dans un passage si étroit, le duc et son ingénieur
« se décidèrent à l'exécuter. Le noyau de la montagne présentait, en
« quelques endroits, une roche calcaire qui évitait les frais de voûtes;
« dans les endroits où la pierre manquait, les terres furent consolidées
« par des voûtes de briques; l'élévation de ces voûtes, au-dessus du ni-
« veau de l'eau, fut calculée pour que le marinier pût se tenir debout
« dans son bateau.

« La navigation de ces canaux souterrains n'a lieu que par de petits
« bateaux, la largeur du canal étant de 10 pieds 4 pouces d'Angleterre
« sur 8 pieds 6 pouces de hauteur; la profondeur de l'eau est de 3 pieds
« et demi. A chaque côté du canal sont attachées des rampes scellées dans

« le mur, sur lesquelles les mariniers s'appuient pour faire avancer les
« bateaux. Des entonnoirs, percés au milieu de ces voûtes, communi-
« quent avec la surface de la montagne, et servent à renouveler l'air de
« distance en distance ; le canal est évasé de manière à laisser passer deux
« bateaux à la fois, afin de ne point gêner la navigation. Qu'on ne pense
« point que le travail des mariniers, sur ces bateaux, soit pénible ; un
« jeune homme de 17 à 18 ans peut avancer à la fois, dès que la pre-
« mière impulsion est donnée, 21 de ces bateaux attachés les uns à la
« suite des autres ; ces bateaux sont chargés de 14 milliers environ
« chacun. Ainsi, la totalité mise en mouvement par un seul homme,
« est de 140 tonneaux ou 280 milliers. . . . .

« La navigation souterraine se divise en deux parties : le bief inférieur,
« de douze milles (19,308 mètres), se réunit à la navigation à ciel ouvert
« à Worsley, à différents embranchements, pour pouvoir rejoindre les
« filons de charbon de terre ; le bief supérieur se trouve aussi dans l'in-
« térieur de la montagne, mais à 106 pieds 1/2 de hauteur perpendicu-
« laire *au-dessus* du bief inférieur, et à peu près à 160 ou 180 pieds au-
« dessous du sol de la montagne : ce bief supérieur, dont la longueur
« augmente tous les jours, était au mois de germinal, an VIII (mars 1800),
« de plus de six milles anglais (9,564 mètres) dans l'intérieur de la
« montagne.

« En 1795, époque où l'on s'occupait beaucoup des plans inclinés
« pour remplacer les écluses, d'après la certitude de leur existence en
« Chine, le duc de Bridgewater songea à appliquer cet usage à la com-
« munication entre les deux biefs de son canal souterrain. Jusqu'alors,
« les charbons amenés de l'intérieur des mines sur le bief supérieur,
« étaient versés dans des tonneaux et descendus par des moyens méca-
« niques. Pour charger les bateaux dans le bief inférieur, il était naturel
« de songer à abréger cette méthode coûteuse, en faisant passer les ba-
« teaux tout chargés d'un bief à l'autre. Auparavant, les bateaux qui
« naviguaient sur le bief supérieur, étaient élevés à la surface de la terre
« par une fosse pour subir les réparations nécessaires ; actuellement, le
« plan incliné permet à ces mêmes bateaux de voir le jour, et d'y être
« réparés en suivant un chemin beaucoup moins coûteux.

« On a choisi entre les deux biefs un endroit disposé par la nature pour
« effectuer une communication facile et stable. C'est dans le rocher qui

« se trouve au-dessous de Walden-Moor, et qu'on a fait sauter par la
« poudre, que se trouve la communication entre les deux canaux. Le
« plan incliné a 453 pieds de long, non compris 54 pieds pour la lon-
« gueur des écluses, qui se trouvent dans le bief supérieur ou l'extrémité
« septentrionale. La pente est d'un pied sur quatre, ce qui correspondait
« à peu près avec la déclinaison des couches naturelles du rocher. 282
« pieds du plan incliné sont formés en chemin double, afin de laisser
« monter et descendre à la fois les bateaux chargés et vides. Un mur en
« briques sépare ce chemin et sert à soutenir le toit ; on y a pratiqué des
« ouvertures pour que les ouvriers pussent se mettre à l'abri des bateaux
« montant et descendant ; ce mur est discontinué à 170 pieds environ de
« distance du bief inférieur où les deux chemins se réunissent et n'en for-
« ment qu'un seul. La largeur totale de chaque chemin est de 10 pieds
« après la jonction ; le mur a 3 pieds d'épaisseur. Les chemins sur lesquels
« roulent ces bateaux sont munis de conduits en fonte pour recevoir et
« diriger les rouleaux de chaque bateau ; ces pièces de fonte sont scellées
« avec du soufre dans des dormants de pierre sur toute la pente, afin d'é-
« viter toute variation capable de heurter ou d'arrêter les bateaux pendant
« leur descente ; la hauteur de la voûte est de 8 pieds au-dessus du niveau
« du chemin.

« L'écluse ou plutôt les deux écluses qui forment le sommet du rocher,
« sont taillées dans le roc et servent alternativement à recevoir et à lâcher
« les bateaux. La longueur de cette partie de l'excavation est de 54 pieds ;
« la largeur ou le diamètre, de 20 pieds 6 pouces ; la hauteur du toit à
« l'extrémité septentrionale, immédiatement au dessus des écluses, est de
« 21 pieds. C'est dans cet endroit qu'est placée la grande roue ainsi que le
« mécanisme qui sert à manœuvrer les bateaux.

« L'extrémité méridionale du plan incliné plonge de 6 pieds 9 pouces
« au-dessous de la ligne d'eau ; c'est là que les bateaux quittent le chemin
« de fer et naviguent sur le bief inférieur. La profondeur de l'eau dans les
« écluses est de 4 pieds 6 pouces à l'extrémité septentrionale, et augmente
« progressivement jusqu'à 8 pieds vers le commencement des plans in-
« clinés ; le mur qui sépare ces écluses est de 3 pieds ainsi que celui
« qui divise le chemin ; ils s'élèvent de 9 pouces au-dessus du niveau de
« l'eau. »

A la suite de ce qu'on vient de lire, se trouve la description du mécanisme servant à faire monter les bateaux. Elle est tout-à-fait inutile ici. Je n'ai même inscrit celle du plan incliné que pour faire voir dans quelles dimensions on pouvait creuser quelquefois le rocher houillier sans crainte de provoquer des éboulements. Le Mémoire se termine ainsi :

« Les eaux provenant des sources traversées dans les travaux de mines « fournissent abondamment de l'eau pour faciliter la navigation et ré- « parer la perte éprouvée dans l'ouverture des écluses ; on en dépose aussi « dans trois réservoirs plus qu'il n'en faut pour suppléer à l'évaporation « que pourrait occasionner une grande sécheresse.

« Ce beau travail a été commencé en septembre 1795, et mis en acti- « vité en octobre 1797 ; et c'est le duc de Bridgewater lui-même qui a « conçu, dessiné et réalisé cette navigation souterraine, et au moyen de « plans inclinés. L'intelligence déployée dans l'exécution, la simplicité du « mécanisme, la promptitude du travail à un enfoncement si considéra- « ble dans l'intérieur de la terre, enfin la perfection et l'utilité démon- « trées de ce grand ouvrage, ajoutent encore à la réputation de l'auteur « qui, sans s'effrayer des difficultés, a porté l'art des canaux navigables « au plus haut degré de perfection en Europe. C'est au génie de cet « homme étonnant que l'Angleterre doit une grande partie de ses ri- « chesses, grâce aux entreprises particulières qui ne se sont multipliées « que par la noble émulation qu'il a créée. Il ne lui restait plus rien à « faire après avoir croisé les rivières par des rivières, franchi des monta- « gnes et navigué dans l'intérieur de la terre ; mais cette dernière opéra- « tion couronne dignement ses glorieux travaux. »

Dans la préface de la description du plan incliné du canal souterrain de Walden-Moor, par M. F. H. Egerton, ami du duc de Bridgewater, se trouve le passage suivant, signé R. O'Reilly, et daté de Paris le 26 mai 1803.

« On entre dans les mines de charbon par une excavation faite sur le « même niveau que le bassin de Worsley-Mill. En quelques endroits, « cette voûte souterraine est percée dans un rocher ; dans d'autres, les « terres sont soutenues par de triples voûtes en briques. On *navigue dans* « *ce séjour d'une nuit éternelle* sur des bateaux de différentes dimensions, « en général de 40 à 50 pieds de long, sur 4 pieds 1/2 de large, et 2 pieds « 1/2 de profondeur ; ils portent de 8 jusqu'à 12 tonneaux. On continue « de naviguer pendant quelques milles à la lueur d'une lanterne. On ren-

« contre des portes à bascule qui s'ouvrent et qui vous introduisent dans
« un *lac souterrain*. De tous côtés partent des galeries qui servent à ex-
« ploiter les filons de houille. Tout est animé ici; l'oreille est à chaque
« moment frappée du bruit produit par la chute des charbons qu'on verse
« dans les bateaux; à ce bruit succède le tintement continuel des outils
« des mineurs, de temps en temps égayé par les chants bruyants des
« conducteurs de chariots, et interrompu à de longs intervalles par l'ex-
« plosion de la mine. Les chariots qui conduisent le charbon à l'embou-
« chure des galeries, sont montés sur des roulettes en fonte et s'accrochent
« à la suite les uns des autres; ils portent à peu près cinq quintaux; de
« petits chevaux servent à les traîner sur des chemins de fer posés sur le
« mur des galeries. Arrivés près de l'ouverture, on détèle le cheval, on
« avance les chariots un à la fois sur une plate-forme en bascule; le poids
« de la houille emporte, et les chariots se versent dans les bateaux placés
« immédiatement au-dessous. On relève le chariot vide en pesant sur la
« bascule, et on le fait sortir du chemin de fer pour faire place à un autre
« chargé. On répète ainsi l'opération jusqu'à ce que le bateau soit rem-
« pli..... A trois milles de la navigation ouverte, se rencontre le pied du
« plan incliné qui conduit les bateaux vides sur le bief supérieur et les fait
« descendre chargés.

« De tous côtés, sur ces deux biefs, on voit des ramifications du canal
« souterrain, qui s'est tellement étendu que, lors de la visite que j'ai faite
« à ces mines, vers la fin de l'été dernier, il se trouvait plus de 18 milles
« (28,962 mètres) de navigation souterraine en activité. »

La description du plan incliné souterrain par François-Henri Egerton
se termine ainsi :

« Cet ouvrage, comme la plupart des autres travaux du duc de Bridge-
« water, a été imaginé et projeté par lui-même. C'est la perfection du
« génie que de concevoir grandement et de bien exécuter.

« La singularité de l'endroit où il est établi, la hardiesse du projet pri-
« mitif, la simplicité dans la conception et dans l'exécution du méca-
« nisme, la promptitude de la confection, la simplicité, la beauté, l'har-
« monie de toutes les parties qui forment un tout parfait, et surtout la
« perfection que ce mécanisme a acquis par la pratique, rendent cet ou-
« vrage aussi étonnant qu'aucun autre des vastes travaux déjà si habile-

« ment exécutés par le premier des ingénieurs, par ce père de la naviga-
« tion intérieure de l'Angleterre. »

Si, au commencement du siècle, le développement des galeries souterraines du canal du duc de Bridgewater était de 18 milles (28,962 mètres),
il a dû nécessairement s'accroître tant que l'exploitation des mines a continué. M. Huerne de Pommeuse estime, dans son ouvrage *Des Canaux
navigables*, que cet accroissement doit être au moins du quart de ce qu'il
était en 1800; alors la longueur totale serait portée ainsi à 36,242 mètres.

M. Héron de Villefosse, dans sa *Richesse minérale*, dit que le développement total est de 24 milles anglais, (38,616 mètres).

En présence de semblables merveilles, peut-on dire avec raison que le
projet du canal souterrain de la Loire à St-Chamond est un rêve, un conte
des Mille et une Nuits?.. Quoi! un ouvrage plus colossal encore que celui-
ci a été exécuté en Angleterre par un seul homme, et on trouve extraordinaire que j'ose le proposer à la France! Il faudrait désespérer de l'avenir
de notre beau pays, si on reculait devant la dépense d'un canal souterrain, placé absolument dans les mêmes circonstances que celui du duc de
Bridgewater et offrant plus de ressources encore, puisqu'il doit faire communiquer les deux plus beaux fleuves de France, le Rhône et la Loire.
Toutes les dépenses du canal du duc de Bridgewater se sont élevées, d'après
M. Charles Dupin, à 7 millions de francs, et les revenus n'ont pas été
moindres de 1,400,000 francs par an, c'est-à-dire 20 pour 100. L'Encyclopédie anglaise dit même que ce revenu est de 80,000 livres sterling ou
2 millions de francs. Quand cet étonnant travail fut achevé, et quand on
vit le duc en retirer d'aussi beaux bénéfices, ceux-là même qui l'avaient
traité de fou et d'insensé ne trouvèrent plus de termes assez forts pour le
glorifier ou exprimer leur admiration. Le souterrain que je propose n'est
donc point impossible, ainsi que je l'ai déjà fait voir; ce n'est pas même
une chose nouvelle, puisqu'un ouvrage dans le même genre a été exécuté
en Angleterre. Il peut même offrir les avantages d'une brillante spécula-
tion, puisque le duc de Bridgewater, en faisant pour 7 millions de travaux,
s'est créé un revenu de deux millions; et si cet homme célèbre a réussi
au point de s'attirer l'admiration du monde entier, pourquoi ne réussirait-
on pas après lui? L'importance de tout le bassin houillier de St-Étienne
n'est-elle pas aussi grande que celle des mines de Walden-Moor? Une
compagnie de capitalistes français n'oserait-elle pas entreprendre ce qu'un

duc anglais a conçu et exécuté avec ses propres ressources et sans le secours de personne? Enfin, la fortune de la France est-elle moindre que celle d'un pair d'Angleterre? et à défaut de capitalistes particuliers, le gouvernement n'est-il pas assez puissant pour faire les frais d'un ouvrage aussi utile, au moment où il se propose de dépenser plusieurs centaines de millions pour des chemins de fer dont l'utilité réelle est loin, jusqu'à présent, d'être manifeste?

Il me semble qu'il n'y aurait plus rien à ajouter à ce que je viens de dire, pour établir la valeur de tout mon projet. Néanmoins, je trouverai encore en Angleterre des exemples capables de faire ressortir à la fois les avantages et le bon marché des galeries souterraines placées dans des circonstances convenables. Indépendamment du canal du duc de Bridgewater, dont nous venons de parler, il existe un grand nombre de souterrains navigables livrés au commerce sur tout le sol du Royaume-Uni. M. Huerne de Pommeuse dit que le nombre en est de 48, et que sur ce nombre on a pu connaître positivement la longueur de 42, laquelle est environ de 58,000 mètres.

Voici le nom et la dimension des principaux.

NOMS DES SOUTERRAINS.	NOMS DES CANAUX.	LONGUEUR	
		EN YARDS.	EN MÈTRES.
Marsden.	Huddersfield.	5,280	4,825^m 92*
Sapperton.	Thames and Severn.	4,300	3,930 02
Pensax.	Leonminster and Kington.	3,850	3,518 90
Laplat.	Dudley.	3,776	3,451 26
Blisworth.	Great junction.	3,080	2,815 12
Ripley.	Cromford.	3,000	2,742 »
Dudley.	Dudley.	2,926	2,694 36
Harecastle.	Trent and Mersey.	2,888	2,639 63
Norwood.	Chesterfield.	2,850	2,604 90
Westheath.	Worcester and Birmingham.	2,700	2,462 80
Norwelham.	Tavistock.	2,500	2,285 »
Oxenhall.	Hereford and Glocester.	2,192	2,003 48
Baunston.	Great junction.	2,045	1,869 13

Il existe encore plusieurs souterrains de dimensions beaucoup moindres, dont nous ne parlerons point ici.

L'Encyclopédie anglaise de Ries, d'où j'ai extrait ce tableau, ajoute qu'on a projeté d'autres tunnels, dont les plus remarquables sont : un de 5 milles (8,045 mètres) pour joindre le canal *Manchester Bolton and Bury* à *Colder river*, et un autre de 41 milles 1/2 (7,240 mètres) sur le canal Porstmouth and Corydon.

Le même ouvrage décrit différents autres souterrains, parmi lesquels je citerai les principaux :

Great junction Canal.

1° Le *Blisworth tunnel*. « Sa largeur intérieure est de 16 pieds 1/2. La « profondeur, depuis la ligne d'eau jusqu'à l'arc renversé, est de 7 pieds, « et le sommet ou l'intrados de la voûte est de 11 pieds au-dessus de cette « même ligne. Les murs de côté sont formés par un arc de 20 pieds de « rayon. L'arc supérieur en a 8; les côtés et le mur supérieur ont 17 pouces « ou 2 briques d'épaisseur, et le fond ou l'arc renversé n'a que 13 pouces « ou 1 brique 1/2.

« De distance en distance sont disposés des arcs en maçonnerie en forme « de coins dont la saillie, dans l'intérieur, est de 1 pouce, et de 3 pouces « derrière la voûte générale. Dans l'intervalle on a établi des lignes de « briques posées obliquement les unes par rapport aux autres, afin de « mieux former les liaisons dans toutes les parties de l'ouvrage. Le mor- « tier qui a été employé était composé d'une mesure de bonne chaux hy- « draulique et de 3 mesures de bon sable. Six pouces au-dessus de l'eau et « de chaque côté du tunnel, on a fixé des couloirs en bois de chêne, pour « retenir les bateaux et les empêcher de se heurter contre les parois en « maçonnerie. Il a fallu creuser 19 puits pour l'enlèvement des déblais. »

Ce tunnel a coûté 15 liv. sterl. et 13 shell. ou 391 fr. 25 c. par yard courant, ce qui fait environ 400 fr. par mètre. Le terrain que l'on a percé était de l'argile bleue divisée par deux ou trois minces couches de rochers.

2° Le *Braunston tunnel*, sur le même canal que le précédent, a coûté à peu près le même prix, mais on a eu à traverser 320 yards de sable mouvant, et cela a augmenté la dépense de 4,800 liv. sterl. ou 120,000 fr. Cette somme, répartie sur les 320 yards, donne 375 fr. environ à ajouter à l'estimation de 400 fr. obtenue plus haut, ce qui fait en tout 775 fr.

Leeds and Liverpool canal.

Le *Foutridge tunnel*, de 1,630 yards, se trouva creusé dans un sol si mauvais, qu'on fut obligé d'enlever en tranchée toute la partie supé- rieure, à part 700 yards. Cette tranchée avait 20 yards de hauteur et 30 de largeur au sommet, et des ouvrages immenses en bois durent suppor- ter les talus pendant que l'on voûtait au fond. Des parties de cet ouvrage ont coûté plus de 24 liv. sterl. par yard, ou 600 fr.

Old Birmingham canal.

Le tunnel de ce canal n'a que 1,000 yards de longueur : il a été fait dans le but d'éviter un contour de quatre milles à *Tipton-hill* ; et à part cette circonstance, je n'ai pu recueillir aucun détail sur son prix de revient, ni sur le mode de construction qu'on y a employé.

L'ouvrage de Ries, publié en 1819, ne fait pas mention d'un souterrain exécuté depuis, et qui est le plus remarquable de tous ceux de l'Angleterre, non pas par sa longueur, mais par ses dimensions en largeur et en hauteur. Je veux parler du canal de la Tamise à la Meedway. En voici la description que je traduis du *Saturday Magazine*, 13 décembre 1834.

Thames and Meedway canal.

« En examinant la carte du comté de Kent, on remarque que la Tamise « et la Meedway, avant de se rencontrer à Nore, coulent sur une lon- « gueur de douze milles, presque parallèlement l'une à l'autre, à travers « la presqu'île qui sépare ainsi Rochester de Gravesend. On a construit « un canal afin d'épargner à la navigation un détour de trente milles, « que les bateaux de la Meedway étaient obligés de faire en voulant se « rendre à Londres.

« La coupure faite dans cette presqu'île est seulement de sept milles « de longueur, et avant l'établissement du canal, il fallait parcourir qua- « rante milles pour se rendre de Rochester à Gravesend.

« Le canal, qui a 28 pieds de largeur au plafond, et 50 pieds au som- « met, commence vers la Tamise dans la paroisse de Milton, et pendant « quatre milles, il traverse sur un même niveau un terrain marécageux ; « après quoi il remonte une colline qui le sépare de la Meedway, et c'est « dans cette colline que l'on a creusé le tunnel. La longueur totale en « est de deux milles et quart (3,620 mètres). La ligne droite est si bien « observée, que l'on distingue parfaitement la lumière d'une ouverture « quand on se place à l'autre extrémité. La largeur de l'excavation est de « 30 pieds environ, sur lesquels 24 servent au canal, et les 6 autres au « chemin de halage.

« A part quelques endroits, il n'a pas été nécessaire de voûter en ma- « çonnerie, tant est grande la solidité du rocher dans lequel le souterrain « a été creusé. L'intrados de la voûte est à plus de 15 pieds au-dessus « du niveau du chemin de halage. » . . . .

On voit, par cet exemple, que la largeur et la hauteur des souterrains de St-Quentin ont été dépassées.

J'ai avancé, l'année dernière, qu'une locomotive à vapeur pourrait faire le trajet souterrain de St-Chamond à la Loire, en remorquant les convois de bateaux. Quelques ingénieurs ont douté de l'efficacité de ce moyen, en me disant que jusqu'à présent on n'avait point vu d'exemple de ce mode de locomotion. Il paraît cependant que la chose n'est point nouvelle ; car à la suite de l'extrait précédent, on lit ce qui suit : « Il y a trois « ans, un petit bateau à vapeur faisait le service des voyageurs entre « Rochester et Gravesend, en passant sous le tunnel. L'écho produit le « long de la voûte, par le bruit de la machine et des palettes, était « étourdissant. »

Ce canal a été construit par une compagnie particulière, au capital social de 3,631,216 fr. Cette somme comprend la valeur de tout le canal ; on voit donc que le souterrain a été loin de coûter 1,000 fr. par mètre courant, et cependant les dimensions, en largeur et en hauteur, sont tout-à-fait extraordinaires, comme nous l'avons déjà dit, et dépassent de beaucoup celles des autres souterrains de France.

On en doit conclure que l'art de faire des percements d'une manière économique, est beaucoup plus avancé en Angleterre que chez nous, où cependant la main-d'œuvre est moins chère. Et si jusqu'à présent nous n'avons pas réussi, pourquoi ne le pourrions-nous pas ?

Il s'agit pour cela d'utiliser toutes les forces et tous les moyens mécaniques enfantés par l'industrie en progrès ; c'est à St-Étienne plus que partout ailleurs, qu'on peut trouver le plus de ressources pour faire bien et à bon marché.

Great-Trunk canal.

Un autre souterrain dont ne parle pas l'Encyclopédie de Ries et qui a été nouvellement construit, est celui du canal Great-Trunk dont James Porter est l'ingénieur. L'ouvrage anglais intitulé *Public Works of Great Britain*, parle ainsi de ce souterrain : « Il existait autrefois pour le service « de ce canal un tunnel propre au passage des bateaux, et qui avait été « fait par le célèbre ingénieur Brindley, mais qui n'avait point de che- « min de halage et dont la largeur était de dix pieds.

« Les besoins du commerce firent sentir la nécessité d'un autre perce- « ment, et on en a construit un nouveau parallèle à l'ancien.

« Les terrains qu'il fallut traverser furent, 1° du sable mouvant, 2° de
« l'argile, 3° de la marne, 4° du roc ferrugineux, 5° du charbon, 6° du
« schiste houillier, 7° du rocher, etc. La longueur totale est de 2,926 1/2
« yards, et le puits le plus profond a 64 yards. Ce souterrain est voûté
« sur toute la longueur, et la dépense par yard courant s'est élevée à
« 38 liv. st. 10 sh. Dans cette dépense se trouve comprise celle des puits,
« des galeries d'essai, d'autres galeries allant sur l'ancien tunnel pour y
« faire écouler les eaux, du chemin de halage, des deux entrées du sou-
« terrain, de deux ponts-levis, des tranchées à ciel ouvert aux deux extré-
« mités, et d'un chemin de fer de 6 milles 1/2 (10,458 mètres) se dirigeant
« au travers de la colline, sur les fours à briques, et transportant à tous
« les puits les matériaux dont on avait besoin. »

Ce tunnel coûte donc environ 1,000 fr. le mètre. C'est peut-être, de tous
les souterrains navigables d'Angleterre, celui qui a coûté le plus cher;
mais quand on envisage la masse de travaux accessoires qu'il a fallu
faire, et dont le prix est porté dans cette estimation; si l'on tient compte
des difficultés provenant des sables mouvants, argiles, schistes houilliers, etc., qu'il a fallu traverser, et si l'on observe que le souterrain est
voûté en maçonnerie par-dessus, par côté et au plafond du canal, on
ne doit pas être étonné qu'il ait coûté si cher.

A la suite de la description de ce souterrain dans l'ouvrage cité plus
haut, on lit le passage suivant extrait de *Philipp's general history of inland
navigation*, 4ᵐᵉ édition, page 430. « J'ai assisté au tracé et au percement
« du premier souterrain qui a été fait dans ce pays; il avait été projeté
« par mon vieux professeur M. Brindley pour traverser la montagne de
« *Harecastle* dans le *Staffordshire*, et qui ne coûte que 3 liv. st. 10 sh.
« 8 d. par yard ou 88 fr. 25 c., et à cette époque, on croyait que c'était
« beaucoup d'argent.

« Le tunnel de *Sapperton* qui joint la Tamise à la Severn, creusé sur
« une longueur de deux milles dans un rocher très-dur, coûte seulement
« environ 8 guinées par yard. Ce tunnel fut ouvert ou commencé le
« 20 avril 1789.

Canal de la Chesapeake à l'Ohio en Amérique.

Enfin pour dernier exemple des canaux souterrains, je citerai celui du
canal de la Chesapeake à l'Ohio en Amérique. Il a 6,700 mètres d'une

seule longueur. Ses dimensions en largeur et en hauteur sont telles que
les bateaux allant à la voile sur les autres parties du canal, passent avec
leurs mâts levés dans l'intérieur des souterrains. La hauteur de la voûte
est de 5 m. 10 c. au-dessus du niveau de l'eau. Enfin le plafond passe à
256 mètres au-dessous du point culminant de la montagne. Aussi, comme
en Amérique la main d'œuvre est trois fois plus chère qu'en France, un
semblable travail n'a pas coûté moins de 2,600 fr. par mètre.

Je ne m'étendrai pas davantage sur l'histoire des canaux souterrains. Je
crois avoir indiqué par de nombreux exemples non seulement la possibilité de creuser une galerie de 16 mille mètres, mais encore les avantages
qu'elle peut offrir pour l'exploitation économique de toutes les mines de
houille de St-Étienne. Ainsi que cela est établi par les cahiers de nivellement dressés par M. Beaunier, ingénieur en chef des mines, toutes les
couches aujourd'hui en exploitation aux environs de la ville, sont placées
à un niveau généralement supérieur au canal que j'ai projeté. Rien n'em-
pêche que, du grand souterrain, on ne fasse partir des galeries à petite
section de 3 mètres à 3 m. 70 c. de largeur, et qu'on aille chercher ainsi
tous les charbons dans chaque concession. Avant de calculer l'économie
qui doit résulter de ce mode d'exploitation, je parlerai de celle qu'on obtiendra en se servant du canal souterrain comme *galerie générale d'écoulement*, afin d'assécher toutes les mines inondées et de les préserver des
eaux pour l'avenir.

DES GALERIES D'ÉCOULEMENT EN GÉNÉRAL.

Il est infiniment rare qu'en creusant des puits ou des galeries de mines,
on ne soit pas inquiété par les eaux. Si dans la première période des travaux on en est exempt, les mouvements de terrain produits par les excavations ne tardent pas à former des crevasses communiquant jusqu'au sol
supérieur; et quand les rochers sont ainsi fendus, les eaux de pluies ou
de ruisseaux passent au travers et pénètrent jusqu'aux galeries les plus
profondes. L'exploitant cherche à épuiser d'abord; quand il s'aperçoit que
ses frais sont trop grands, il laisse l'eau envahir les travaux, enlève à la
hâte ce qu'il peut des couches supérieures, sans mesure et sans économie; il est obligé de se presser parce que les eaux montent toujours; il
ressemble au paysan russe qui, voyant approcher l'ennemi, emporte tout
ce qu'il peut de son or et de ses effets et met ensuite le feu à sa maison,

Quand les eaux sont partout, il ferme son puits et va en creuser un autre à côté. Cette manière barbare de procéder a été pendant bien long-temps mise en pratique à Rive-de-Gier, et même à St-Étienne. Aux portes de cette dernière ville, dans la plaine du Treuil où il existe beaucoup d'anciens ouvrages de mines, toutes les galeries de la grande couche sont inondées depuis long-temps, et cette inondation souterraine s'est propagée tout à l'entour; si bien qu'aujourd'hui on serait imprudent d'aller à la recherche du charbon dans le voisinage de ces lacs souterrains. Il y a quelques années qu'un accident terrible est arrivé aux mines de Bois-Monzil. Des mineurs en perçant une galerie frappèrent un rocher derrière lequel se trouvait une masse d'eau, le rocher céda et un grand nombre d'ouvriers perdirent la vie. Cette année encore, même chose est arrivée dans un puits du Quartier-Gaillard où neuf hommes ont été noyés.

Il y a peu de mois, à Monthieux, quatre hommes sont morts de la même manière. Enfin, ces jours derniers, on retirait du fond d'un des puits de la Béraudière des hommes noyés. Plusieurs parties de cette concession sont inondées depuis long-temps.

Je sais bien que, d'après la nouvelle loi sur les mines, de pareils accidents ne devraient plus se présenter, puisque chaque concessionnaire, sous peine de déchéance, est tenu d'enlever ses eaux; mais a-t-on bien calculé à quelle dépense s'élèverait cet épuisement général? N'est-ce pas la réalisation de la fable du *Rocher de Sisyphe* qui se passe tous les jours sous nos yeux? En effet, cette eau que l'on tire à grands frais du sein de la terre, ne manque jamais, dès qu'elle a couru pendant quelque temps à la surface du sol et dans le lit d'un ruisseau, de rencontrer une crevasse produite par les travaux souterrains, et elle retombe de nouveau pour être extraite encore. Chaque concessionnaire se renferme dans ses propres intérêts et ne s'inquiète nullement du bien-être général. Que peut lui faire l'inondation des mines de son voisin? Pourvu que, de son côté, il se garantisse de l'invasion des eaux, peu lui importe qu'après les avoir rejetées de sa pompe, elles aillent ensuite retomber chez l'autre et lui porter préjudice. Tant mieux pour lui, c'est une concurrence de moins!

Voilà comment ont raisonné long-temps et comment raisonnent encore quelques propriétaires de mines. Et pour preuve de ce que j'avance, on peut affirmer que la nouvelle loi a été provoquée, en grande partie, par le spectacle du mode barbare et égoïste d'exploitation usité dans nos

3

pays. Ce funeste état de.choses ne fera qu'empirer à mesure que les exploitations plus nombreuses auront multiplié les vides souterrains, et par suite les fentes dans les rochers.

Je demanderai donc comment il se fait qu'on n'ait pas encore proposé un remède pour guérir le mal et prévenir les inondations;

Pourquoi on maintiendrait l'état déplorable dans lequel sont la plupart de ces mines qu'on ne peut pas exploiter sans exposer la vie d'une multitude de travailleurs;

Pourquoi chaque exploitant s'évertuerait à tirer à grands frais les eaux qui viennent affluer au fond de ses puits, lorsqu'un moyen bien simple et bien puissant, qui a été employé avec succès dans toutes les autres mines du monde, peut être employé ici sans la moindre difficulté.

Ce moyen est l'établissement d'une galerie générale d'écoulement pour tout le bassin houillier de St-Étienne. Le canal souterrain que je propose s'offre admirablement pour opérer la solution de cet important problème.

Toutes les mines aujourd'hui en exploitation à St-Étienne sont à un niveau supérieur, ou, à très-peu d'exceptions près, le même que celui du plafond du canal. Il sera donc possible de diriger sur chaque concession des embranchements souterrains conservant toujours le même niveau, et dans lesquels les eaux des mines viendront se jeter. De petits bateaux, comme au canal du duc de Bridgewater, emporteront sans frais le charbon qu'on est obligé aujourd'hui d'élever, par des puits et des machines, jusqu'au niveau du sol. Ce n'est donc pas seulement la jonction directe de la Loire et du Rhône que je propose, mais j'apporte encore le moyen d'extraire le charbon à moitié prix de ce qu'il coûte aujourd'hui, et d'enlever les eaux de toutes les mines. C'est une révolution qui va s'opérer dans le mode d'extraction employé à St-Etienne; c'est l'avenir le plus brillant qu'on puisse offrir à un bassin houillier aussi riche que le nôtre.

Pour montrer à quel point les galeries d'écoulement sont avantageuses pour les mines, je vais citer les exemples de plusieurs ouvrages de cette nature qui ont été exécutés en Allemagne et en Angleterre.

Dans les mines de Cornouailles, qui sont les plus riches de ce dernier pays, il existe une galerie dont voici la description prise dans l'*Atlas du mineur et du métallurgiste* : « Le district de Redruth renferme deux « ouvrages importants construits pour l'exploitation des mines, ce sont « la grande galerie d'écoulement, et le chemin de fer de Redruth. La

« grande galerie d'écoulement a son orifice dans une vallée, à une lieue
« 1/2 à l'ouest de Redruth, et à une *petite* distance de *Consolidated mines.*
« Comme la pente de cette vallée est très-faible, l'entrée de la galerie
« n'est qu'à peu de pieds au-dessus du niveau de la mer. De là, la galerie
« se dirige au nord-ouest sur la mine de Wheal-Bissy : dans ce trajet,
« elle coupe à peu près à angle droit les principaux filons du district,
« et, des points d'intersection, partent des galeries d'alongement qui sui-
« vent les filons dans toutes leurs sinuosités et leurs rejets. Ces galeries se
« ramifient elles-mêmes vers l'ouest pour assécher d'autres filons, en
« sorte que *la longueur totale de cette galerie est d'environ douze lieues :*
« son niveau est moyennement de 250 à 300 pieds au-dessous du niveau
« de l'orifice des puits. »

Ici, je ferai observer que dans ces mines il y a des parties en exploitation
qui ont plus de 400 mètres de profondeur. Les eaux qui y tombent sont
ensuite élevées au moyen de machines à vapeur, non pas jusqu'à la surface du sol, mais jusqu'au niveau des galeries d'écoulement, et on épargne encore, de cette manière, une centaine de mètres dans l'ascension
de ces eaux.

Dans le voisinage de *Matlock* (Derbyshire), la galerie *Heleart* a été
taillée dans le roc vif sur une longueur de 4 milles (6,436 mètres), afin
d'assécher les mines de plomb. Celle de *Wirksworth Moor* a environ 3
milles (4,827 mètres). Enfin il y en a encore une autre dans le pays de
New castle, que l'on dit plus remarquable encore que celles-là, mais dont
je n'ai pas pu connaître la longueur.

En Allemagne, il y a des galeries d'écoulement en nombre considérable, et cela n'est pas extraordinaire, parce que le gouvernement lui-
même dirige l'exploitation des mines. Il y a établi une unité d'action et
de travail qu'il est bien difficile d'introduire dans nos pays, où les concessions sont beaucoup trop divisées, comme les autres propriétés en
général.

Il est certain que si le bassin houillier de Saint-Étienne se trouvait en
Prusse, on aurait depuis long-temps percé une galerie d'écoulement
depuis la vallée du Gier jusqu'au-delà des mines de Firmini, et c'est
même par là qu'on aurait dû commencer avant d'extraire un seul hectolitre de charbon. Les moyens qui favorisent principalement l'exploitation
des mines Rothenbourg, sont la galerie d'écoulement dite *Heinitzer Stollen,*

qui passe à 27 toises au-dessous de la surface du terrain dans le district dit *Naundorfer*, et la galerie dite *Burgener* dans le district de ce nom. La galerie d'écoulement *Heinitzer Stollen* est presque parvenue à son terme ; elle a déjà une longueur de 2,005 toises ; elle passe à 4 toises 1/2 au-dessous de celle qu'on nomme *Naundorfer*.

Le développement total des galeries d'écoulement de ces mines est de 9,605 toises.

Celles des mines de plomb, argent, cuivre, *du haut et bas Hartz*, sont encore plus considérables par leur nombre et leur étendue. Leur développement total, tel qu'on le trouve indiqué dans l'ouvrage la *Richesse Minérale*, de M. Héron de Villefosse, est de 13,020 toises, ce qui fait plus de 25,000 mètres.

EXPLOITATION SOUTERRAINE DE LA HOUILLE PAR CANAUX NAVIGABLES.

L'exemple mémorable donné par le duc de Bridgewater, dans l'exploitation de ses mines au moyen de bateaux naviguant dans des galeries souterraines, a été suivi en Silésie pour extraire le charbon des mines dites de *Fuchsgrübe*. En 1810 il existait déjà 666 toises 1/4 de galerie navigable, dont 257 5/8 toises revêtues de maçonnerie, et 408 5/8 pratiquées dans le roc vif.

Un ingénieur qui a visité dernièrement les mines de Sibérie, m'a assuré que les galeries avaient pris un développement considérable, et qu'on avait pu vérifier par un grand nombre d'expériences que ce mode d'exploitation était le plus économique de tous. Il m'a dit encore que les bateaux en sortant de la mine se rendent dans un bassin, et on les décharge en mettant le charbon sur des voitures. Si en Silésie on a trouvé un bénéfice à faire ainsi succéder le roulage à la navigation, combien ce bénéfice ne sera-t-il pas plus grand lorsque la navigation ne sera jamais interrompue, comme je le suppose dans ce Mémoire ! M. Héron de Villefosse, après avoir établi par des chiffres l'économie de ce mode d'exploitation, s'exprime ainsi :

« Mais ce n'est pas à beaucoup près le seul avantage de la navigation
« souterraine ; elle épargne le foncement d'un grand nombre de puits,
« et ces puits n'auraient pas dispensé d'une galerie d'écoulement. En
« développant toutes les ressources de cette exploitation, on en assure la

« durée sans de nouvelles dépenses, pour un long avenir, *avantage pré-*
« *cieux que des puits ne peuvent procurer aussi économiquement.* . . . . .

« 1° Pour le transport de 100 boisseaux de houille à une distance de
» 550 toises par la navigation, les frais de salaire sont de 12 g. 6 pf. 1/2
« ou environ 1 fr. 93 c.

« 2° Pour l'extraction de la même quantité à l'aide d'une machine à
« molettes, par un puits de 36 toises de profondeur, les salaires coûtent
« 1 r. ou 3 fr. 72 c.

« 3° Pour le même objet, à l'aide d'un treuil, les frais sont de 1 r.
« 1 gr. ou 3 fr. 87 c. Ainsi, dans l'état actuel des choses, pour l'extrac-
« tion de 100 boisseaux de houille, l'avantage de la navigation propre-
« ment dite sur la machine à molettes, est représenté par une économie
« de 11 gr. 5 pf. 3/5 ou 1 fr. 79 c., et sur le treuil, par une économie
« de 12 gr. 5 pf. 3/5 ou 1 fr. 94 c.

Au reste, on peut appliquer à l'exploitation de St-Étienne un semblable
canal. Supposons qu'un puits situé dans la concession de Méons, par
exemple, puisse extraire 800 hectolitres par jour à raison de 25 centimes
l'hectolitre rendu à bord du puits; on comprend dans cette estimation les
frais de boisage, piquetage, roulage intérieur, frais de machines, entretien
des bennes, etc. Dans ce prix de 25 c., on peut bien, sans crainte de se
tromper, affecter 5 c. pour l'entretien de la machine, des cordes et des
bennes, alors l'hectolitre de charbon au fond du puits ou jeté directement
dans un petit bateau, ne devrait pas coûter plus de 20 c.

Nous avons vu qu'au canal du duc de Bridgewater, un jeune homme de
18 ans tirait après lui 20 bateaux chargés chacun de 150 hectolitres.
Ainsi 3,000 hectolitres pourront être transportés à la fois en 5 heures, au
plus, depuis la mine de Méons jusqu'au grand souterrain, où la file de
petits bateaux s'ajoutera à un autre convoi remorqué par une machine à
vapeur. En supposant que les frais de traction par un homme soient de
1 cent. par hectolitre, ce sera payer largement la main d'œuvre ; ajoutons
1 cent. pour l'entretien des bateaux, et 3 cent. pour droits de navigation et de remorque jusqu'au jour, je pourrai conclure avec raison,
que toutes les houilles de St-Étienne arriveront à Andrézieux ou à St-
Chamond, au même prix qu'elles reviennent maintenant rendues à bord
des puits.

Il en coûte aujourd'hui, dans la plupart des mines un peu éloignées du chemin de fer, 10 c. et même 15 cent. l'hectolitre, pour transporter les charbons de la recette du puits dans les magasins. En supposant que ces mines emploient le mode d'exploitation souterraine, et en fixant leur extraction totale à 10 millions d'hectolitres par an, ce serait une économie générale d'un million de francs. En faisant disparaître encore les droits de chemin de fer ou de canal pour tous les transports entre St-Étienne et les extrémités du souterrain, on peut affirmer que le bénéfice obtenu serait encore accru chaque année de près de 1 million, en tout 2 millions de francs.

Je n'ai pas compris dans ce calcul l'économie qui résultèra des frais d'épuisement supprimés sur toute la surface du bassin houillier.

C'est donc, comme on voit, la fortune à venir de toutes les mines de Saint-Etienne que je prétends constituer par mon projet de canal. Et ceux qui m'ont accusé de négliger les intérêts de la localité au profit de la navigation interfluviale, se sont trompés dans leur jugement. Mon plan a l'avantage précieux de ne point nuire aux droits et intérêts acquis, et de ne renverser aucune industrie existante.

Le canal souterrain ne porte point de préjudice aux chemins de fer.

Par exemple, les chemins de fer de la Loire et de Saint-Etienne qui, au premier aspect, semblent complètement sacrifiés par la création d'un canal, recevront une vie nouvelle : le nombre actuel de leurs voyageurs sera décuplé, ils gagneront plus par ce moyen que par le transport des wagons de houille. On conçoit bien, en effet, que le jour où tous les magasins et entrepôts de charbons seront établis à Andrézieux et à St-Chamond, il y aura un mouvement considérable de voyageurs entre Saint-Etienne et ces deux points extrêmes. Ce seront les chemins de fer qui en profiteront ; et en attendant que le réseau des lignes souterraines navigables se soit étendu dans tous les sens au-dessous du bassin houillier, ils auront encore beaucoup de transport de houille à faire depuis les principaux puits jusqu'aux magasins.

Avantages d'avoir des magasins réunis en un seul point.

La concurrence acharnée que se font aujourd'hui toutes les compagnies propriétaires des mines de Rive-de-Gier et de Saint-Etienne, est vraiment affligeante. Il est notoire que la plupart d'entr'elles vendent leur charbon avec perte, et cela provient de l'isolement dans lequel se trouvent les bureaux et magasins de ces mines, les uns par rapport aux autres. Il est impossible, tant que les choses demeureront dans l'état actuel, d'avoir entente et unité d'action pour fixer un cours régulier des prix de la houille. Les marchands de charbon de Givors ou de Roanne sont les seuls qui en retirent bénéfice. Ils savent bien profiter de la misère du pauvre exploitant qu'ils font pour ainsi dire composer suivant leur bon plaisir, en les menaçant d'obtenir plus loin un meilleur marché que celui qu'il leur propose. Si, au contraire, tous les magasins de charbon étaient réunis, il serait facile, dans une bourse tenue à Saint-Etienne, de fixer un prix général pour chaque qualité, absolument comme on fait pour les blés dans les grands marchés.

On gagnerait à cela :

1º De détruire la concurrence, et par suite de ne pas s'exposer à vendre le charbon avec perte ;

2º D'économiser dans le personnel et dans les frais d'administration ; car un ou deux comptables pourraient répondre aux marchands au nom de toutes les compagnies, en même temps qu'un seul teneur de livres établirait des comptes-courants de chaque concession avec ces mêmes marchands, comme cela se pratique à l'étranger, où l'on a su combiner les ressorts commerciaux et les simplifier ;

3º De proportionner l'exploitation aux besoins réels de l'industrie. N'est-il pas fâcheux, par exemple, de voir que, cette année, l'extraction de la houille à Saint-Etienne ira à plus de 14 milliers d'hectolitres, lorsque l'année dernière elle était seulement de 7 milliers ? Il y a évidemment imprévoyance et barbarie à gaspiller ainsi des richesses aussi précieuses. Nous ne saurions trop le répéter, tout cela provient d'un défaut d'ensemble dans l'administration de ces mines.

Elles entendront bien mieux leurs intérêts le jour où elles pourront s'observer par un voisinage réciproque, prendre en commun des mesures de garantie et d'économie, et par suite être à même de lutter avec les étrangers dans les adjudications pour fournitures de charbons sur tous les points du globe. Et cela arrivera quand, au lieu de se tenir éloignées les unes des autres, elles se grouperont aux deux centres d'opérations placés à Saint-Chamond et à Andrézieux ; c'est-à-dire qu'à cette époque elles pourront faire des bénéfices raisonnables, même en vue de la concur-

rence actuelle des mines de Rive-de-Gier et de celle à venir des mines de
la Grand-Combe d'un côté, et de Commentry de l'autre.

Le projet est favorable aux intérêts de la ville de Saint-Etienne.

J'arrive à répondre à la plus forte objection qu'on ait faite contre mon
projet. On me dit que la ville de Saint-Etienne, étant éloignée de la ligne
du canal, s'opposera de toutes ses forces à ce que les bateaux, au lieu de
se rendre dans ses murs, soient obligés de passer à 5 kilomètres plus loin
et à 3oo pieds sous terre.

D'abord, il faut savoir s'il est possible de diriger un canal au travers
de la ville de Saint-Etienne ou dans son voisinage immédiat. Les études
sérieuses que l'on a faites jusqu'ici démontrent que les difficultés à vaincre
pour cela sont immenses, et que le seul moyen praticable consiste à placer
le bief de partage au pied de la montagne de Saint-Priest, à plus de 2,000
mètres de la ville. Maintenant, sans faire entrer en ligne de compte les
avantages ou les inconvénients de ce canal à bief de partage, dont nous
nous occuperons plus tard, je vais prouver aux habitants de St-Etienne
que leurs craintes ne sont point fondées, et que l'établissement de la ligne
souterraine, loin de porter préjudice à cette ville, lui deviendra au contraire très-utile. On va le comprendre de suite dès qu'on saura que mon
intention est de proposer un embranchement à petite section partant du
milieu du grand souterrain pour venir de niveau jusque sous la ville de
Saint-Etienne. Alors les petits bateaux y viendront aussi, et au moyen de
quelques puits, il sera facile de communiquer avec les bateliers et opérer
la remonte ou la descente des marchandises.

Avantages qui en résulteront pour la plaine du Forez.

Le bruit public, à l'occasion des études du canal, a dû probablement
apprendre, à toutes les personnes qui s'y intéressent, que la portion située
dans la plaine du Forez doit s'étendre sur la rive gauche de la Loire et
former un bief d'un seul niveau, ayant plus de 1600 mètres de longueur.
Ce bief servira à arroser tout le pays environnant, et par suite à en augmenter la fertilité. La plaine du Forez peut devenir un jour le grenier de
St-Étienne. A la place de ces vastes terres, couvertes de marais et cultivées
aujourd'hui avec peine et sans profit, on verra de gras pâturages s'étendre
de tous côtés. Les petites rivières qui passent à Sury et à Montbrison

pourront être rendues navigables, au moyen d'écluses, pour de petits bateaux, et par suite, venir s'embrancher sur la ligne générale du canal. Le grand avantage que présente un bief d'une grande longueur et d'un seul niveau, c'est de servir à la navigation des grands et des petits bateaux, de la même manière que les grandes routes servent au plus lourd fourgon, au plus brillant équipage et au plus modeste chariot. Dès qu'on rencontre une écluse à grande section, cela ne se présente plus. Ainsi, sur les canaux de Belgique et de Hollande, qui sont généralement de niveau, on voit circuler des barques de toutes les dimensions; tandis que sur le canal de Givors, où il y a de nombreuses écluses, on ne rencontre que *l'éternelle siselande*. Je dis donc que de petits bateaux pourront circuler dans la plaine du Forez, se rendre au centre de toutes les principales fermes, et y faire un échange continuel d'engrais, de légumes, de céréales, etc., absolument comme cela se fait en Belgique. Ces petits bateaux, de formes et de dimensions arbitraires, appartiendront aux fermiers, et ceux-ci les lanceront sur le canal sans craindre de gêner la grande navigation. Pour transporter leurs denrées ou le produit de leurs récoltes jusqu'à la ville, ils n'iront pas sortir leurs bœufs et leurs vaches des pâturages, comme ils le font aujourd'hui; mais ils chargeront une barque dans laquelle ils pourront mettre le contenu de vingt tombereaux. Un homme suffira pour l'amener jusqu'au bassin d'Andrézieux. L'eau dans le souterrain est au même niveau que dans le bief de la plaine, en sorte qu'il n'y aura point d'écluse à passer pour y arriver. Les petits bateaux, dont la manœuvre est facile dans les souterrains, s'élanceront à la suite d'un convoi, ou se feront remorquer par lui jusqu'à l'embranchement souterrain dont j'ai parlé plus haut. En suivant cet embranchement, ils arriveront au-dessous de la ville; et pour faire tout le trajet depuis la Loire, il leur aura suffi de moins d'une journée.

Tout le contenu du bateau peut être débarqué sur le sol supérieur par le même procédé employé aujourd'hui pour extraire du fond des mines, du charbon, de l'eau, ou des déblais de toute nature. Si le batelier demande quelques marchandises en échange de ses denrées, on les lui descend de la même manière; s'il veut du charbon, il n'a qu'à le prendre à côté de lui.

Ceux qui ont vu les docks de Londres ne seront pas surpris de cette manœuvre. Les navires viennent se ranger le long de bâtiments droits très-hauts, et les marchandises sont saisies par de fortes grues, et élevées ainsi jusqu'aux derniers étages des magasins. — Tout cela a l'air bien nouveau, bien extraordinaire et bien merveilleux, mais c'est pourtant bien simple. Je voudrais que quelqu'un pût me faire le compte de tous les attelages de bœufs efflanqués ou de vaches chétives qui roulent de mauvais chariots sur la route de St-Étienne à la Loire. Je voudrais qu'on pût bien apprécier la valeur de la nourriture que ces pauvres animaux sont obligés de prendre en route, ainsi que du temps perdu par les voituriers qui les conduisent.

Je voudrais que l'on eût égard aussi au danger qui peut résulter pour l'hygiène publique de voir apparaître, dans la consommation, de la viande de mauvaise qualité, provenant du travail forcé, presque continuel, que les bœufs ou les vaches sont obligés de faire. Tous ces inconvénients pourraient disparaître, si le Forez prenait l'aspect de la Flandre, où l'on rencontre à chaque pas des bestiaux superbes dans des pâturages gras et fertiles. Et cela aura lieu quand tous les produits agricoles parviendront à St-Étienne en abondance, en bonne qualité et à bon marché, et qu'on en retirera en échange des engrais pour couvrir des terres aujourd'hui stériles. Ce que je viens de dire pour les produits agricoles peut aussi bien s'appliquer aux autres objets dont une ville a généralement besoin, tels que pierres, chaux, sable, bois de construction, etc. J'admets que pour le service de la petite navigation, il faudra trois puits armés de machines à vapeur fonctionnant toujours; et quand il n'y aura pas de marchandises à sortir, ces machines feront mouvoir des pompes pour élever des eaux dans l'intérieur de la ville.

Moyen pour la ville de St-Étienne de se procurer de l'eau.

Dans cette discussion, on voit, pour ainsi dire, apparaître à chaque instant des questions nouvelles et d'une grande importance pour l'avenir de St-Étienne.

J'ai commencé par résoudre les difficultés qu'on m'avait présentées touchant le peu de profit que les mines de houille devaient retirer de mon projet. J'ai présenté un tableau de la richesse agricole future de la plaine du Forez, et j'ai fait ressortir autant que j'ai pu les avantages qui doivent en résulter pour les habitants de St-Étienne.

Je trouve encore moyen de fournir à cette ville toute l'eau dont elle a besoin en plaçant au-dessous de son sol un lac souterrain intarissable, puisqu'il sera continuellement alimenté par les eaux de la Loire. Les eaux, ayant eu pendant quelque temps le contact des mines, ne seront pas généralement bonnes à boire ; mais elles serviront à alimenter des fontaines, à former des ruisseaux pour laver les rues et y maintenir la fraîcheur. Elles seront encore employées pour les bains et le lavage public.

La ville doit nécessairement un jour s'emparer de tout le Furens, dont les eaux claires et limpides sont plus que suffisantes pour abreuver ses habitants. Pour se couvrir de la dépense que cette expropriation nécessitera, elle vendra l'eau aux maisons particulières.

La ville de Marseille se propose d'avancer plus de 20 millions pour un canal venant de la Durance. L'intérêt de cette somme énorme doit être couvert par le produit de la vente ou de la location des eaux ; et cependant, la population de Marseille n'est que le double de celle de St-Étienne.

« Mais, » dira-t-on, « c'est St-Chamond qui trouvera le plus de profit dans la confection d'un canal souterrain. Vous allez attirer dans son sein un mouvement prodigieux d'hommes et de marchandises ; tandis que St-Étienne, dont l'importance est bien plus grande, ne jouira pas du même privilége. »

Il ne résulte pas de ce que St-Chamond sera placé à la tête d'un canal, qu'il doive un jour l'emporter sur St-Étienne.

Pendant long-temps, Rive-de-Gier et Givors ont eu, pour expédier les houilles et le produit de leur industrie, un canal et le Rhône. St-Étienne n'avait pas même encore un chemin de fer, et cependant il s'est accru beaucoup plus que les villes rivales.

Quoi qu'il arrive, St-Étienne sera toujours le centre du bassin houillier le plus riche de la France ; les industries qui s'y sont créées et qui y fleurissent, continueront à prospérer sans crainte d'avoir à lutter contre une concurrence voisine.

Si dans son opposition elle n'est animée que par l'esprit de jalousie ; si elle craint de voir une autre ville à côté d'elle sortir du sommeil léthargique où l'a plongée l'établissement du chemin de fer, je pourrai lui faire observer que Lyon, à son tour, aurait aussi le droit de s'opposer à la jonction directe du Rhône et de la Loire.

Si cela arrivait, St-Étienne crierait à l'injustice et à la tyrannie ; et cependant, toutes les raisons opposées à la fortune à venir de St-Chamond peuvent être les mêmes que fournirait plus tard Lyon contre St-Étienne.

N'est-il pas prouvé, en effet, que la plupart, sinon toutes les marchandises, remontant le Rhône pour aller à Paris, prendront le nouveau canal, et se rendront directement dans la Loire, plutôt que de remonter la Saône et de s'engager dans la navigation des canaux du Centre ou de Bourgogne?

Aujourd'hui que le service des chemins de fer est encore si défectueux, les commissionnaires de roulage qui prennent cette voie, peuvent à peine suffire aux nombreuses expéditions des provenances du midi qui débarquent à Givors pour être dirigées sur Roanne. Que serait-ce donc si la navigation n'était pas interrompue?

En faisant le canal de jonction du Rhône à la Loire, on enlève à Lyon la majeure partie de son commerce de transit; et elle ne sera pas seule à souffrir: Châlon-sur-Saône se trouvera complètement sacrifié. Or, l'opposition de ces deux villes ne peut manquer d'être redoutable aux intérêts de St-Étienne. Celle-ci se plaindra avec raison. St-Chamond aurait de même le droit de se plaindre, si St-Étienne s'opposait à l'exécution du canal souterrain.

Dans cette deuxième partie de mon Mémoire, je crois avoir démontré la possibilité, les avantages et l'économie du projet. J'ai fait voir en outre, que personne n'avait à souffrir de son établissement.

Nous allons maintenant en décrire le tracé, donner des détails sur la construction, et discuter la dépense.

Troisième Partie.

TRACÉ DU CANAL.

Dans le projet que M. Boulangé étudie en ce moment pour faire un canal dans la plaine du Forez, cet ingénieur suppose qu'on prendra l'eau de la Loire au-dessus de Saint-Rambert, à un barrage presque naturel appelé la Roche-Morpiaure.

Un petit canal latéral au fleuve viendra donc alimenter un grand bassin placé sur le plateau qui s'élève derrière le hameau de Notre-Dame de Bonson. En cet endroit, se trouvera le point d'embranchement des deux canaux : l'un qui ira à Roanne, et l'autre qui viendra de Saint-Étienne.

Je n'aurai point à m'occuper de la première branche, puisque M. Boulangé en est chargé; mais de la seconde que je propose de diriger de la manière suivante.

Après avoir traversé sur un remblais tout le bas-fond qui s'étend jusqu'à la Loire, le canal passera le fleuve sur un pont-aqueduc.

Il débouchera immédiatement après dans un bassin placé à mi-coteau de la rive droite, un peu au-dessus des entrepôts actuels de charbons. Il s'étendra du côté du Furens en contournant la montagne, et en s'appuyant sur la gauche, le long du chemin de fer de la Loire.

Je pourrais faire valoir ici les avantages d'une pareille disposition, qui est profitable aussi bien au canal qu'au chemin de fer; car elle les met tous les deux à même de transporter les marchandises de l'une à l'autre voie, sans la moindre difficulté.

Le plan général de nivellement adopté dans le tracé du canal est supposé passer à 200 mètres au-dessus d'un dez de plate-forme de l'Hôtel-de-Ville de Saint-Étienne. J'ai fixé à 3/6 mètres la cote du plafond du canal, afin de pouvoir traverser à ce niveau la Loire, et gagner ensuite le plateau de Notre-Dame de Bonson.

A partir du grand bassin, il suivra une ligne absolument parallèle à l'axe du chemin de fer; et, pour conserver le niveau de 346 mètres, il sera obligé de se tenir en tranchée ouverte sur une longueur de 500 mètres. Les matériaux qui en proviendront seront employés à combler les magasins actuels du chemin de fer le long de la Loire, et à les élever au niveau du canal. Je n'ai point fait de sondages pour savoir quelle était la nature du terrain à creuser. Je me suis borné à consulter les propriétaires de l'endroit : ils m'ont assuré que, dans la longueur de la tranchée, je n'aurais pas un quart de rocher à faire sauter.

Immédiatement après avoir passé un des ouvrages du chemin de fer appelé *Travail d'art de la Roche*, le plafond du canal se trouvera de niveau avec les prairies qui s'étendent dans le grand contour du Furens. Ici je proposerai de faire un autre bassin dont la destination commerciale sera différente de celle du premier.

Je le supposerai devoir servir principalement de gare pour les bateaux; et cela est d'autant plus convenable qu'il n'y aurait peut-être pas, dans la vallée, un développement suffisant pour y établir des magasins et entrepôts assez vastes.

On s'aperçoit, à l'inspection du tracé, que le Furens est coupé en deux endroits, près des *Ponts de la Roche* et *du moulin Cibeau*, à l'entrée et à la sortie des prairies. Il conviendra de lui creuser un nouveau lit du côté du chemin de fer. Les murs du canal serviront eux-mêmes de digue, et le chemin de fer sera préservé des atteintes de la rivière par quelques ouvrages en maçonnerie.

En général, sur toute la longueur de la vallée où le Furens, par ses nombreux contours, vient s'entrelacer à la ligne du canal, je serai obligé de le rejeter constamment sur la gauche.

Un peu plus loin que le *Pont du moulin Cibeau*, le canal fera le contour de la montagne au moyen d'une tranchée et d'un petit tunnel de 155 mètres. En sortant de là, il tombera dans le lit du Furens que nous tiendrons sur la gauche comme précédemment.

Avant d'arriver à la Quérillière, nous aurons une tranchée assez forte et un petit souterrain de 144 mètres, au bout duquel il faudra changer encore le lit de la rivière.

Alors le canal est à un niveau plus bas que le fond de la vallée, et il restera toujours en tranchée jusqu'à l'entrée du grand souterrain.

Pour ne gêner en rien les établissements du chemin de fer vers l'embranchement de Roanne, le canal sera obligé de passer derrière la maison du gardien. Il coupera un rocher presque vertical qui domine un coude du Furens. Ici nous prendrons encore une portion du lit de la rivière.

Nous suivrons le contour de la montagne qui forme un angle rentrant jusqu'au bout du contrefort, à l'endroit où la vallée est assez resserrée. Arrivés là, nous ferons un petit tunnel, et nous changerons encore le lit du Furens en le rejetant au milieu des prés de la rive droite.

Jusqu'à présent, nous avons eu le soin de nous tenir éloignés du chemin de fer et du Furens qui sont restés sur notre gauche. Mais vers le *pont Ferrière*, le chemin de fer venant s'adosser à la montagne que nous avons côtoyée jusqu'ici, il convient de lui céder le pas, et de nous porter dans le fond de la vallée, où les tranchées seront moins profondes et où il y aura encore assez de place pour le canal et la rivière. Il faudra donc passer par dessous le chemin de fer au moyen d'un pont, dont l'élévation sera de 14 mètres environ au-dessus du plafond du canal

La compagnie du chemin de fer de la Loire travaille en ce moment à une rectification de sa ligne, qui lui permet de supprimer les ponts de Garnat et d'Avernais. Le canal en profitera pour s'établir à la place de la ligne abandonnée, et repoussera encore le Furens contre la montagne qui est vis-à-vis. Enfin, en nous dirigeant toujours de la même manière, nous finirons par arriver dans les prairies de la Rajalière où commence notre grand souterrain.

Dans ce tracé, nous avons eu pour but :

1° De nous tenir constamment éloignés du Furens dont les atteintes pourraient dégrader le canal. Entre le sommet des tranchées et le lit de la rivière, des cavaliers formés avec les déblais du canal serviront de digues et retiendront les eaux. Dans les endroits où il n'y aura pas une largeur suffisante pour mettre des cavaliers, on construira des murs en maçonnerie.

2° De ne point contrarier le service du chemin de fer pendant la durée des travaux. En un endroit, cependant, nous sommes obligés de le traverser; mais, comme je l'ai dit plus haut, nous serons encore à 14 mètres plus bas que le niveau du chemin. Il n'y aura donc pour cela qu'un pont à jeter sur le canal, et de nouveaux rails à poser latéralement à la ligne actuelle.

3° De rester le plus possible au fond de la vallée afin de diminuer la hauteur des tranchées. Dans les endroits où les talus ne paraîtraient pas solides, et où il y aurait à craindre des affaissements, on voûtera le fond du canal et on rejettera les déblais par-dessus. Ce moyen coûte très-cher; il est cependant avantageux de l'employer, plutôt que d'être exposé à relever constamment des terres éboulées.

En partant de la prairie où nous avons fait passer le canal sur la rive gauche du Furens et près du pont de la Tuillière, on pourrait gagner la Loire bien plus vite qu'en suivant toute la vallée. Il suffirait pour cela de faire un percement souterrain de moins de 1,200 mètres, et allant déboucher à Saint-Just-sur-Loire. Je suis persuadé que cette ligne serait plus économique que l'autre.

Car il ne faut pas se dissimuler que les travaux projetés sur les bords du Furens coûteront très-cher, parce qu'il faudra exproprier tout le fond de la vallée où s'étendent aujourd'hui des prairies magnifiques. La nature et la solidité du rocher à couper pour gagner Saint-Just, au moyen d'un souterrain, permet de supposer qu'un travail de ce genre serait très-peu dispendieux, et je pense qu'il ne reviendrait pas à la moitié de ce que coûteront les 2,500 mètres de canal à ciel ouvert, partant du même point et allant jusqu'à Andrézieux.

La raison qui m'a engagé à m'en tenir à ce dernier tracé, est que la navigation a déjà eu à subir, avant de déboucher dans la vallée du Furens, un séjour assez long dans un souterrain, et il y aurait peut-être inconvénient à l'assujettir à de nouvelles fatigues.

C'est donc, comme je l'ai dit, avant d'arriver au pont de la Rajalière que commence la longue galerie souterraine.

A la première inspection des lieux, on reconnaît l'impossibilité de rejoindre Saint-Chamond par une seule ligne droite. Il y aurait pour cela à traverser des montagnes d'une grande élévation dont on ne connaît pas encore bien la base géologique.

En remontant la vallée du Furens, au contraire, on est certain de n'avoir à couper qu'un terrain dur et résistant aux éboulements. Il suffit, pour s'en convaincre, de suivre les bords de la rivière et d'examiner le fond de son lit. On voit apparaître sur toute la longueur les roches de quartz et de schistes micacés qui sont adhérents à la couche primitive du globe. C'est-à-dire qu'en les perçant, on ne rencontrera ni sables mouvants ni réservoirs ou lacs souterrains, inconvénients qui rendent ces sortes de travaux, dans les terrains d'alluvions, si difficiles et si dispendieux.

Une autre considération non moins importante, c'est qu'en se tenant dans le fond de la vallée, les puits à creuser ne seront jamais aussi profonds que si l'on voulait conduire la ligne sous les montagnes.

L'axe du souterrain, à partir de la grande tranchée, coupera deux fois le Furens et se dirigera en ligne droite derrière la nouvelle maison Peyret. Il traversera encore la rivière à côté du moulin de la Fouillouse, une quatrième fois vers le bureau du chemin de fer, une cinquième à la Papelière, et arrivera ainsi du côté de la rive droite dans les prés de la Porchère où il change de direction. La nouvelle ligne fait avec la première un angle de 140° 30', et elle se trouve à peu près dans le prolongement de la vallée de l'Ozon.

Notre ligne coupera le moulin de la Porchère par le milieu, puis ensuite la Marandière où nous passerons une sixième fois le lit du Furens. Nous gravirons le flanc de la montagne de Saint-Priest, nous redescendrons dans le fond de la vallée où la rivière forme un coude, et nous traverserons celle-ci pour la septième et dernière fois, à côté du moulin Picon. En allant toujours en avant, nous couperons l'Ozon au pied du Mont-Reynaud, nous gravirons le flanc du coteau opposé, et nous rencontrerons le pavillon sud du Château-Bayard.

Ensuite nous redescendrons dans les prairies de la Talaudière; nous les traverserons et nous nous arrêterons au sommet du contrefort qui domine la vallée de Langonan. Là, se trouve le point culminant du parcours. Le puits à y creuser, pour l'enlèvement des déblais, aura 184 mètres de profondeur. Il ne faut point être effrayé de ce chiffre; nous avons vu que le souterrain de la Chesapeake à l'Ohio passait à 256 mètres au-dessous de la chaîne des Alleghanis; et d'ailleurs, dans les environs de St-Étienne, les puits de cette profondeur, pour l'extraction du charbon, sont extrêmement nombreux.

A partir du point culminant, nous suivrons une ligne brisée pour descendre dans la vallée de Langonan. C'est à 400 mètres à peu près, avant d'arriver à la borne kilométrique n° 12 de la route départementale n° 7, que le canal sortira en tranchée ouverte. En restant dans le fond de la vallée, il rejettera sur la gauche le ruisseau de Langonan, comme il a fait du Furens, dans la partie à ciel ouvert voisine de la Loire.

A côté des ruines de l'ancien aqueduc romain, la route départementale devra être déplacée et portée à 10 mètres plus avant dans la montagne.

Le ruisseau prendra la place de la route, et le canal s'adossera au ravin opposé.

Les terrassements seront faits au moyen d'un chemin de fer qui conduira les déblais jusque dans les prés du Janon. Là, nous établirons deux grands bassins, l'un sur la rive gauche, et l'autre sur la rive droite du ruisseau, plus loin que la route royale. Le premier aura 250 mètres de longueur, et le second le double.

Je présume que dans la suite, lorsque l'exploitation souterraine sera en pleine activité, le développement que j'ai cru devoir donner aux bassins ne paraîtra pas trop grand; on pourra toutefois, dans l'origine, s'en tenir à celui de la rive gauche. La cote du plafond de ces bassins est de 349 m. Celle de la galerie souterraine étant de 346 mètres, il y aura une écluse que nous placerons sur le coteau légèrement incliné qui domine le Janon. Je la proposerai à 2 sas, l'un de 5 m. 20 c. pour les grands bateaux, et l'autre de 2 mètres de largeur, pour le service de la petite navigation.

En quittant le bassin, le canal traversera la route départementale et descendra à la cote 352 mètres, par une seconde écluse placée entre la route et le ruisseau de Langonan. Enfin, il coupera le ruisseau, se développera dans un jardin appartenant à l'hospice de St-Chamond, et viendra se souder au canal dont M. Barreau fait l'étude, en descendant sur le piquet kil. n° 11 par une troisième écluse de 3 mètres de chute. Il est alors à la cote 355 mètres. C'est précisément celle que M. Barreau a trouvée pour le même point.

Je ne parlerai point de la ligne qui doit aller jusqu'à la Grand-Croix. Je dois me borner, comme je l'ai déjà dit, à décrire mon projet seulement dans les parties qui diffèrent de celui de MM. Boulangé et Barreau.

Solidité du rocher où doit passer le souterrain.

Pendant que nous étions dans la vallée du Furens, j'ai à peu près affirmé que le rocher dans lequel passait le souterrain, était de base primitive, et il est facile de s'en convaincre. En examinant le fond de la rivière, on voit apparaître partout le granit, le quartz ou les schistes micacés. Avant d'arriver à la Porchère, on trouve une sorte de poudingue composé d'une agglomération de grès houillier et de gros blocs de roches primitives. D'après les informations que j'ai prises sur les lieux, on a fait anciennement des fouilles pour savoir si dans ce rocher de formation secondaire, on ne trouverait pas du charbon, et les recherches ont été infructueuses.

Cette nature de terrain est assez pénible à travailler ; mais ce n'est point un obstacle dans un percement souterrain que de rencontrer un sol dur et compact. Il y a un avantage bien réel à creuser des voûtes solides tout en courant le risque d'user beaucoup de poudre. Or, le terrain dont il est ici question a déjà été attaqué dans les tranchées du chemin de fer et de la route royale. J'ai remarqué que des tranchées presque verticales, au-dessous des Molineaux, avaient parfaitement résisté à toutes les variations de température, depuis l'origine des travaux. Ainsi, à plus forte raison, trouverai-je, à 40 ou 50 mètres plus bas, un rocher solide et à l'abri de tout éboulement. Au pied de la montagne de St-Priest et du Mont-Reynaud, on rencontre un rocher tout-à-fait différent de celui que je viens de décrire. C'est un quartz presque pur, et les mineurs qui ont creusé la galerie souterraine de Couzon à Rive-de-Gier, où il s'en est rencontré beaucoup, m'ont affirmé qu'ils auraient pu donner de 6 à 8 mètres de largeur à leur galerie sans avoir besoin de voûter.

Ce n'est qu'avant d'arriver au Château-Bayard que l'on tombe dans le rocher franchement houillier, où l'on rencontre ordinairement des couches successives de grès blanc, de poudingue, d'argiles schisteuses, etc.

Il y a eu deux percements notables exécutés dans le terrain houillier ; ce sont ceux de Terre-Noire et de Rive-de-Gier, appartenant au chemin de fer de St-Étienne à Lyon.

J'ai dit précédemment que les difficultés extraordinaires qu'on avait rencontrées dans le creusement de ces deux galeries, provenaient, en grande partie, des ouvrages souterrains qu'on avait fait antérieurement tout autour pour l'extraction du charbon.

L'inclinaison énorme des couches qui s'élevait jusqu'à 30°; les masses d'eaux qui affluaient de toutes parts et qui venaient des anciens travaux inondés; des bancs d'argile qui se décomposaient au contact de l'air, et où il a fallu cependant s'établir; enfin les parois et le plafond du tunnel qui cédaient sous le poids des maçonneries, pour combler des vides inférieurs; tout cela explique suffisamment les embarras qu'on a éprouvés et les sommes considérables qu'on a dépensées.

Au premier abord, on pourrait craindre de rencontrer une partie de ces obstacles dans les vallées de l'Ozon et du Langonan. Cependant je remarquerai que nous sommes dans la partie nord du bassin, et toutes les mines qu'on y a découvertes ont un caractère différent de celles qui se développent sur la base du Mont-Pilat. Au midi, les couches de charbon sont très-épaisses et fortement inclinées.

Depuis la concession de Couzon à Rive-de-Gier jusqu'à Firmini, en comprenant dans cette ligne le Marthoret, les Flaches, la Grand-Croix, Terre-Noire, le Gagne-Petit, Monthieux, la Ricamarie, etc., partout on trouve des masses de charbon qui ont quelquefois 100 pieds d'épaisseur. Ce phénomène ne se produit pas au nord du bassin. Les mines du Mouillon, de Gravenand, de la Terre-du-Feu, en donnent une preuve. Du côté de St-Étienne on a découvert, l'année dernière, dans la concession de la Chazotte, diverses couches qui offrent partout une régularité d'épaisseur et d'inclinaison vraiment remarquable. A Villard c'est la même chose.

Tout porte donc à croire que dans le soulèvement du Mont-Pilat, le bassin houillier s'est déchiré du côté du midi; tandis que les couches ont continué à reposer d'une manière régulière et presque horizontale sur le flanc des montagnes du nord, lesquelles sont, au reste, bien moins élevées que la chaîne du Pilat.

Par une autre considération, j'ai dit, l'année dernière, que le canal serait creusé dans le rocher primitif; par-dessous le terrain houillier. En effet, nous nous tenons toujours sur la limite du bassin, et il est arrivé, dans quelques mines situées de ce côté, comme par exemple à Gravenand, qu'on a trouvé le quartz à une faible profondeur, après avoir enlevé tout le charbon qui était au-dessus.

Cependant, toutes ces analogies, toutes ces inductions, ne valent pas une simple raison fondée sur l'expérience, et celle-ci est venue heureusement à mon secours.

Des exploitants, propriétaires d'une partie de la concession du Cros, ont fait ouvrir, il y a deux ans, un puits au-dessous du Château-Bayard, tout-à-fait dans le voisinage de l'axe du souterrain.

Il a déjà atteint une profondeur de 140 mètres, niveau bien inférieur au plafond du canal. L'inclinaison des diverses couches qu'on a traversées est presque nulle. Je l'ai mesurée moi-même, et elle va tout au plus à un pouce sur toute la largeur du puits, qui est de 8 pieds. Ces couches n'ont pas une grande épaisseur, mais elles se lient bien entre elles; et pour dernière preuve de la bonne consistance du rocher, je dirai que le puits *Sainte-Marie-Bayard* est peut-être le plus sonore de tous ceux qu'on rencontre aux environs de Saint-Étienne. Les mineurs ont l'habitude de reconnaître un bon puits à son degré de sonorité ; et quand on entend, à 400 pieds de profondeur, des hommes parler et se faire comprendre, on peut affirmer qu'il faudra peu de bois pour soutenir les galeries.

Je le répète, ce travail a résolu, en faveur de mon projet, un très-grand problème.

Des critiques ont pu me dire l'année dernière :

« Vous n'avez aucun renseignement positif sur la nature du sol que
« vous rencontrerez. Il est possible que vous soyez arrêté par des sables
« mouvants ou des rivières souterraines, dont rien ne peut vous garantir
« la non-existence. »

Aujourd'hui je réponds fièrement : « Allez, et descendez au fond du
« puits Bayard ; consultez, étudiez la nature des couches qu'on a percées,
« et vous verrez s'il y a du danger à y passer. Des obstacles réels comme
« ceux dont vous parlez ne peuvent exister ni là, ni dans le terrain
« primitif, ainsi que nous l'avons déjà dit. »

Et j'ai raison d'affirmer : 1° que partout le canal projeté sera creusé dans un rocher assez solide pour résister aux secousses des explosions de la mine ; 2° que les éboulements, s'il y en a, ne seront que partiels, et ne pourront jamais se transformer en fondis ; 3° que les eaux provenant seulement des sources, n'afflueront jamais en assez grande abondance pour arrêter les travaux ; surtout si on a recours aux machines à vapeur qui coûtent si peu, et qu'on peut se procurer si facilement à Saint-Étienne.

Sur toute la longueur du souterrain, nous aurons à creuser 79 puits à 200 mètres environ de distance les uns des autres.

Voici un tableau donnant la profondeur de chacun d'eux, depuis la surface du sol jusqu'au plafond du canal.

Tableau des Numéros et de la Longueur de chaque Puits.

N°ˢ des PUITS	PROFONDEUR.		N°ˢ des PUITS	PROFONDEUR.		N°ˢ des PUITS	PROFONDEUR.		N°ˢ des PUITS	PROFONDEUR.	
1	23ᵐ	320ᵐ	21	50ᵐ	749ᵐ	41	103ᵐ	913ᵐ	61	125ᵐ	198ᵐ
2	33	633	22	53	087	42	88	276	62	123	320
3	25	211	23	55	429	43	90	985	63	127	685
4	24	320	24	57	884	44	104	912	64	137	987
5	25	350	25	62	230	45	103	025	65	138	263
6	25	664	26	71	416	46	118	452	66	156	227
7	29	534	27	79	551	47	125	593	67	180	600
8	33	760	28	76	247	48	139	625	68	184	634
9	31	090	29	72	235	49	144	813	69	154	930
10	32	073	30	65	494	50	120	972	70	123	003
11	34	088	31	67	916	51	130	678	71	115	083
12	36	758	32	70	449	52	157	634	72	73	573
13	40	642	33	73	326	53	143	466	73	49	517
14	49	516	34	89	661	54	121	492	74	50	584
15	65	421	35	97	043	55	116	810	75	43	200
16	66	030	36	115	848	56	118	443	76	39	585
17	58	029	37	119	609	57	125	443	77	28	571
18	61	045	38	99	505	58	122	184	78	23	200
19	47	334	39	88	153	59	126	889	79	30	682
20	49	127	40	88	004	60	124	298			

TOTAL de la profondeur des puits. . . . 6696ᵐ 526ᵐ

Ce qui fait pour la profondeur moyenne 84ᵐ 766ᵐ.

Estimation de la dépense.

J'arrive maintenant à la discussion de la dépense du souterrain.

Il existe souvent dans le domaine public des idées plus ou moins fausses, que l'on adopte généralement sans en connaître la raison. On rencontre des gens de bonne foi, aux yeux de qui une idée nouvelle n'a aucune valeur si des faits positifs ne sont pas là pour en démontrer la possibilité. Il leur arrivera de dire que si le souterrain projeté n'avait que 3,000 ou 5,000 m. de longueur, ils le regarderaient comme susceptible d'être entrepris; car il existe en France des ouvrages du même genre et de ces dimensions. » Mais un souterrain de 16,000 mètres! C'est impossible! — Pourquoi est-ce impossible? — Parce que jamais un travail aussi colossal n'a encore été exécuté. »

Cette réponse revient à dire que la veille de la découverte de l'imprimerie, il était impossible de transmettre ses idées par la presse; que la veille
de l'emploi de la machine à vapeur, il était impossible de naviguer sur la
mer ou sur les fleuves avec de l'eau et du feu; que la veille de l'application
des chemins de fer, il était impossible à l'homme de voyager sur terre
avec une vitesse de 12 lieues à l'heure, et ainsi de suite.

Hé bien! je soutiens que c'est très-possible de faire un souterrain de
16,000 mètres, et je vais le prouver tout-à-l'heure.

Tout homme qui a habité un pays de mines, connaît très-bien ce que
c'est qu'un puits, comment on le fait, et à quoi on le destine. Je ne veux
point entrer dans des détails sur sa construction. On le creuse en s'aidant
de la poudre et de la pioche. Il marche en général suivant le degré de résistance du rocher, et suivant la quantité d'eau qui afflue au fond et qui in-
commode les ouvriers. J'ai vu entreprendre et achever en moins de 4 mois
un puits de 70 m. de profondeur dans un rocher très-dur. Il y en a d'autres
où, pour arriver au même résultat, il a fallu travailler sans relâche pendant plus d'un an. On doit remarquer cependant, que les eaux n'arrivent
jamais en quantité dans des puits nouveaux, que lorsqu'on les place dans
le voisinage d'anciens travaux de mines inondés et où le terrain a déjà été
bouleversé.

Lorsqu'on s'en éloigne, au contraire, il est à présumer qu'on aura très-
peu d'épuisements à faire.

J'ai déjà dit à cet égard que sur toute la ligne du canal on traverserait
un rocher où la main des hommes n'a point encore fouillé.

Lorsque le puits est arrivé à fond, on prend l'alignement exact des deux
galeries qu'il y a à creuser de chaque côté, et on les attaque toutes les deux
à la fois. Si le rocher est solide, comme il est à présumer qu'il le sera, dix
mineurs peuvent travailler de front sur toute la surface de la section, et
marcher simultanément de chaque côté du puits. S'il n'offre point assez de
résistance, on procède par petites galeries, ainsi qu'on l'a fait au canal
de Bourgogne.

Les nombreux travaux souterrains du chemin de fer de Saint-Étienne
à Lyon, se sont faits sous les yeux de tout le monde; et ceux qui voyagent
entre Rive-de-Gier et Givors ont vu des galeries de plus de 200 mètres,
qui se sont exécutées de cette manière. On est parti de deux bouts, on a
creusé 100 mètres de chaque côté; et les mineurs, au moyen de la bous-

sole ou du fil à plomb, sont parvenus à se rencontrer parfaitement. Ainsi donc, rien n'est aussi facile à comprendre que le creusement d'un puits et le percement de deux galeries en sens opposé, de 100 mètres de longueur chacune. C'est un travail d'art qui peut être jugé et apprécié par toute personne n'ayant pas même l'idée des travaux publics.

Hé bien! si on a admis la possibilité de ce travail, on est forcé d'admettre aussi celle d'un souterrain de 16,000 mètres de longueur; car c'est la même opération répétée 80 fois.

Si un chiffre peut représenter le travail d'un puits et de deux galeries de 100 mètres chacune (et il est toujours permis de calculer ce chiffre dans des limites déterminées, comme nous le verrons plus tard), le souterrain général sera représenté par le même chiffre multiplié par 80.

De cette manière, l'étude complète du canal se réduit à déterminer, d'une manière exacte, la valeur d'un puits et de ses deux galeries.

On ne peut pas raisonner de même quand on entreprend des ouvrages d'une hardiesse inouïe, comme par exemple le tunnel sous la Tamise.

Avant que le célèbre ingénieur qui en a eu l'idée fût parvenu à prouver, par expérience, la vérité de ses calculs, on pouvait lui dire que son projet était impraticable, car rien ne faisait concevoir alors comment on viendrait à bout de passer sous le lit d'un fleuve profond, et comment on y asseyerait des maçonneries d'une solidité à toute épreuve, pour garantir cet ouvrage immortel de l'atteinte des eaux et des ravages du temps.

Certes, il y a bien moins de merveilleux et d'imprévu dans le projet d'un souterrain de 4 lieues de longueur, que dans celui de M. Brunel; et, si ce dernier a été adopté par tous les ingénieurs et savants de l'Angleterre, l'autre devrait à peine éprouver une discussion.

On comprendra dès lors que, puisqu'il existe en France des canaux souterrains de 5,000, 3,000 et 2,000 mètres de longueur, il faut admettre la possibilité d'exécution d'un ouvrage de 16,000 mètres; car ce n'est environ que 3 fois la première longueur, 5 fois la seconde, etc. Je vais donc maintenant estimer le creusement d'un puits et de deux galeries de 100 mètres chacune.

Pour connaître à peu près la valeur d'un puits creusé à Saint-Étienne, j'ai consulté les documents déposés dans le bureau de l'ingénieur des mines de l'arrondissement; j'ai pris la moyenne dans un tableau qui donnait la profondeur de 70 puits, ainsi que le prix de revient de chaque mètre courant. Cette moyenne m'a conduit à ce résultat, savoir : qu'il y a 6,465 mètres courants de puits creusés dans les principales concessions du pays. Leur profondeur moyenne est de 92 m. 35 c., et le prix de revient d'un mètre courant est de 120 fr. 66 c.

Pour mettre le lecteur à même de vérifier mes calculs, je donne ici le tableau dont je viens de parler.

NOMS DES CONCESSIONS.	NOMS DES PUITS.	PRO-FONDEUR.	PRIX de revient par mètre courant.	OBSERVATIONS.
Beaubrun.	Puits des Basses-Villes.	72ᵐ 00ᶜ	255ᶠʳ 50ᶜ	Il y a eu 30 fr. par mètre de moellonage et les canaux d'épuisements.
	» de la Croix de Mission.	72 00	75 00	
	» de la Culatte.	94 00	200 00	On a rencontré de l'eau en quantité.
	» du petit Clapier.	44 00	75 00	Inondé.
	» du Clapier.	120 00	175 00	
	» Ranchon.	44 00	100 00	
Monthieux.	» de Remelles.	76 00	150 00	
Terre-Noire.	» Jabin.	114 00	150 00	
	» Thibault.	117 00	160 00	
	» Odin.	68 00	100 00	
	» de la Tardiverie.	68 00	150 00	
	» de la Machine.	72 00	200 00	
La Roche.	» du Chêne.	70 00	75 00	
	» de l'Échelle.	34 00	60 00	
	» Deville.	80 00	85 00	
	» du Château-Creux.	68 00	60 00	
	» de la Colonne.	100 00	67 50	Il sert aux épuisements.
	» de la Grande-Pompe.	39 00	55 00	Ne sert qu'aux épuisements.
Côte-Thiolière.	» du Pont-de-l'Ane.	115 00	150 00	
	» Robert.	140 00	175 00	
	» St-Antoine.	164 00	150 00	
Mont-Sel.	» de Mont-Sel.	56 00	75 00	
Le Treuil.	» de la Pompe.	199 00	175 00	
	» du Grand-Treuil.	60 00	125 00	Il sert aux épuisements.
	» Valery.	70 00	100 00	
	» Cholles.	60 00	100 00	Inondé.
	» du Gris-de-Lin.	20 00	40 00	Il est tombé sur d'anciens travaux inondés.
	» du Petit-Treuil.	74 00	100 00	
	» Nicolas.	74 00	100 00	
	» des Hospices.	»	»	D'anciens travaux l'ont inondé.
Le Cros.	» Roche-Taillée.	124 00	135 00	
	» d'Aérage.	60 00	75 00	
Reveux.	» Grégoire.	188 00	180 00	
	» Rosand.	152 00	200 00	
		2908ᵐ 00ᶜ	4073ᶠʳ 00ᶜ	

NOMS DES CONCESSIONS.	NOMS DES PUITS.	PRO- FONDEUR.	PRIX de revient par mètre courant.	OBSERVATIONS.
	Report...	2908ᵐ 00ᶜ	4073ᶠʳ 00ᶜ	
Chaney.	Puits St-Jean.	100 00	125 00	
	» Molina.	96 00	120 00	
Dourdel et Mont-Salson.	» des Hautes-Villes.	80 00	175 00	
	» de la Taillée.	48 00	150 00	Il a rencontré beaucoup d'eau.
	» Locard.	127 00	175 00	
Méons.	» St-Claude.	178 00	168 50	
	» Mars.	124 00	177 50	
	» Plantère.	68 00	100 00	
	» Bessat.	»	»	
	» St-André.	»	»	
	» de l'Étang.	80 00	75 00	
Quartier Gaillard.	» Palhuat.	98 00	90 00	
Bérard.	» Vincent.	80 00	75 00	
	» n° 1 (Bréchignac.)	102 00	156 96	La dernière toise a coûté très-cher à cause des eaux.
	» n° 2 (Bréchignac.)	88 00	100 00	
	» Payet.	118 00	60 00	
	» André.	88 00	80 00	
	» n° 1 (Didier.)	88 00	75 00	
	» n° 2 (Didier.)	84 00	75 00	
	» Tiblier.	120 00	130 00	Il ne sert qu'aux épuisements.
	» Bérard.	100 00	100 00	
	» des Hospices.	»	»	Tombé dans d'anciens travaux inondés. Il a fallu l'abandonner.
Lachana.	» de la Doa.	168 00	120 00	
	» André.	64 00	75 00	
La Baralière.	» de la Baralière.	78 00	75 00	
Firmini et Roche-la-Molière.	» de la Malafolie.	140 00	100 00	Ce puits a coûté très-cher à cause des eaux.
	» Dolomieu.	108 00	555 55	
	» de Rheims.	100 00	100 00	
	» Charles.	110 00	150 00	
	» d'Osmond.	80 00	100 00	
	» Latour.	94 00	100 00	Inondé et abandonné.
	» du Breuil.	52 00	50 00	
	» St-Ange.	68 00	60 00	Il sert aux épuisements.
Mont-Rambert.	» Barlet.	70 00	75 00	
La Béraudière.	» Gourd-des-Loges.	»	» »	
	» Brulé.	100 00	100 00	
	» Neuf.	50 00	200 00	Il a rencontré beaucoup d'eau.
	» Neyron.	88 00	100 00	
	» St-Victor.	90 00	75 00	
	» St-Vincent.	150 00	60 00	
	» des Genets.	80 00	75 00	
	Total...	6465ᵐ 00ᶜ	8451ᶠʳ 51ᶜ	

Ce tableau, tout incomplet qu'il est, donne une idée de l'état fàcheux dans lequel se trouvent certaines mines, par suite de l'abondance des eaux souterraines.

J'ai obtenu de l'ingénieur des mines de Rive-de-Gier, une note sur la profondeur et le prix de revient par mètre courant, des principaux puits de ce pays. La voici :

NOMS DES PUITS.	PROFONDEUR.	PRIX DU MÈTRE courant.
Puits Moutriboud (Grand'-Croix).	236^m 00^c	250^m 00^c
— Charrin (Grand'-Croix).	160 00	200 00
— Neuf (Grand'-Groix).	120 00	175 00
— Frontignat (Grand'-Croix.	140 00	175 00
— Maniquet (des Flaches).	350 00	250 00
— du Pré (du Sardon).	280 00	225 00
— du Martoret (du Sardon).	344 00	175 00
— Sainte-Barbe (île d'Elbe).	380 00	175 00
— Chatagnon (île d'Elbe).	310 00	125 00
— Gerbaudière.	120 00	100 00
	2440 00^c	1850^f 00^c

La profondeur moyenne est, dans ce cas, de 244 mètres, et le prix moyen, par mètre courant, de 185 fr.

Tous les puits dont il est ici question, sont très-larges. Ils ont ordinairement 2 m. 50 c., et quelquefois 3 mètres de diamètre. Ils auraient coûté encore moins si on avait réduit leur largeur à 2 mètres, comme je propose de le faire pour ceux de la galerie souterraine.

Dans le percement de la rigole de Couzon, la Compagnie du Canal de Givors a fait creuser des puits assez nombreux dans un rocher très-dur, et dont la profondeur a été jusqu'à 71 mètres. Elle n'a cependant payé aux entrepreneurs que 120 fr. par mètre courant; et ceux au-dessous de 40 mètres n'ont coûté que 80 fr.

Je peux donc affirmer que tous les puits du grand tunnel ne reviendront pas à 200 fr. l'un dans l'autre. Ce chiffre doit naturellement exprimer la limite à laquelle la dépense ne pourra jamais atteindre.

La profondeur totale des puits du souterrain projeté, est, comme nous l'avons vu, de 6,700 mètres environ. En en faisant la répartition sur les 16,000 mètres de longueur totale, il entre o, m. 42 c. de puits par mètre courant de galerie. Si le mètre de puits revient à 200 fr. (chiffre, comme nous l'avons vu, bien exagéré), la dépense d'un mètre courant de canal souterrain, calculée directement, se trouvera augmentée de 84 fr.

Cherchons donc à combien peut revenir la galerie générale.

Tous les entrepreneurs de travaux souterrains que j'ai consultés pour savoir ce que coûterait le mètre cube de rochers extraits à la poudre, sur une section de 30 mètres carrés, et au fond d'un puits, ne m'ont pas donné un chiffre au-dessus de 10 fr. Les uns l'estimaient 6 fr., d'autres 7 fr., et ainsi de suite : 10 fr. étaient pour eux le *maximum*.

Je prendrai cette dernière évaluation comme la plus applicable, et j'admettrai que les 30 mètres cubes de rocher, extraits de chaque mètre courant du souterrain, coûteront. . . . . 300 fr.

Des calculs rigoureux, faits sur l'enlèvement des déblais par un puits, au moyen d'une machine à molettes ou à vapeur, démontrent que chaque mètre cube, pour être amené jusqu'à la surface du sol, ne coûte pas plus de 2 fr., ou pour 30 mètres cubes 60

En ajoutant la somme trouvée plus haut, pour exprimer la valeur des puits. 84

Et pour représenter les épuisements et faux-frais 56

TOTAL. . . . . . . , . . 500 fr.

Ces 500 fr. désigneront le prix de revient d'un mètre courant de galerie à grande largeur, creusée dans un rocher solide, tel qu'on le rencontrera généralement entre St-Chamond et la Loire.

Supposons maintenant qu'il faille boiser et voûter partout : admettons même qu'on doive établir à chaque mètre courant une ferme en charpente ; il suffira d'évaluer le prix de cette ferme, et de l'ajouter au précédent.

Trois buttes verticales serviront à soutenir les cintres. Elles auront chacune environ 5 mètres de hauteur; en tout, 15 mètres courants de buttes à un franc le mètre ci. . 15 00

A reporter. . . . . 15 00   500 fr.

La longueur des cintres que je supposerai être
en bons madriers de o m. 10 c. d'épaisseur et o m.
4o c. de largeur, sera de 14 m. 26 c. environ; à
o fr. 80 c. le mètre. 11 36

Les couchis auront o m. o5 c. d'épaisseur; ce qui
fait en tout par mètre courant o m. 51 c. cubes à
6o fr. le mètre cube ci. 3o 6o

Total pour le boisage. 56 96   56 96

Dans les ouvrages de mines en général, quand on a fait un
prix avec un entrepreneur, celui-ci prend ordinairement le
boisage à son compte. Il est facile de comprendre que cette
condition doit en effet lui être imposée. Lorsqu'il est obligé de
soutenir les voûtes, c'est une preuve que le terrain n'offre pas
une résistance assez grande pour être enlevé avec des moyens
puissants. Si pour le creusement, l'entrepreneur ne fait usage
que de la pioche, l'économie qu'il obtiendra dans le terrassement, est assez grande pour lui permettre de supporter les
frais de boisage. Il en est de même de l'excédant des fouilles
nécessaires pour établir les maçonneries. Si l'on juge à propos
de voûter, l'entrepreneur devra à ses frais élargir de 2 mètres
et élever d'un mètre la galerie pour l'emplacement des pieds
droits et de la voûte.

Estimons actuellement la maçonnerie :

Je la supposerai en briques dont le mille ne coûtera pas
plus de 20 francs, et par conséquent le prix du mètre cube
sera de 10 francs ci. 10 00

Le mortier à pouzzolane rendu au bord du puits,
vaudra environ 15 fr. par mètre cube.

Il en faut o m. 4o c. cube par mètre de maçonnerie; ce qui fait pour la valeur du mortier, ci. . 6 00

La main-d'œuvre des maçonneries souterraines
exécutées dans la galerie de Couzon, a été de 4 fr.

On comprend dans ce prix la fourniture des

Report. . . . 1 16 00 556 96

cintres, la descente des matériaux par le puits, et la façon.

Celle du grand souterrain ne coûtera pas davantage. 4 00

Prix d'un mètre cube de maçonnerie dans le souterrain. 20 00

Or, je suppose que l'épaisseur des pieds droits et de la voûte, sera de o m. 80 c.

Il entrera 11 m. 36 c. cubes dans un mètre courant, lesquels à 20 fr. 227 20

Ajoutons pour frais imprévus, accidents, etc. 15 84

On arrivera sur un total de. 800 00

Cette somme représente donc la dépense d'un mètre courant de souterrain, dans le cas où l'on trouverait partout de mauvais terrain dans lequel on serait obligé de voûter.

M. Hageau, dans son bel ouvrage intitulé : *Canal de la Meuse au Rhône*, estime ainsi la dépense d'un mètre courant de canal souterrain placé dans les conditions les plus défavorables.

Il suppose qu'il faudrait voûter partout; ce qui augmenterait les fouilles de toute l'épaisseur des maçonneries.

« Le mètre courant de percement exigera l'extraction de 60 mètres « cubes de déblais, dont la moitié en terrain de diverses natures à « 3 fr. 359 l'un, et l'autre moitié en roc vif à 5 fr. 793, « valeur ensemble ci. 274 56

« 1 m. 5o c. cube de déblais dans l'eau pour les rigoles, à « 4 fr. 35 c. 6 53

« Le mètre courant de revêtement emploiera environ 15 mè-« tres cubes de maçonnerie dont 6 mètres cubes posés à mor-« tier ordinaire à 15 f. 824 l'un, font. 94 94

« Et 9 mètres cubes à mortier de cendrée, à 19 fr. 07. 171 63

« 2 mètres courant de chaînes de fer pesant 6 kilogrammes, « à 1 fr. 39 c., y compris le scellement. 8,34

« La dépense des cintres et des puits, reviendra par mètre « courant, à. 44 00

« Total. 600 00

« Somme à valoir pour frais d'épuisements , éboulements,

« et ouvrages imprévus, un quart en sus. 150 00

« Total pour un mètre courant de canal souterrain. . . 750 00

Cherchons maintenant , dans les résultats fournis par l'expérience, et dans l'opinion des plus célèbres ingénieurs français, d'autres preuves de la vérité de notre estimation.

Il est inutile de revenir ici sur ce que j'ai dit dans la partie historique de ce Mémoire. Nous avons déjà vu que les prix ont varié dans des limites tout-à-fait disproportionnées.

M. Kermaingant, dans son *Projet de chemin de fer de Lyon à Marseille*, a fait ainsi le tableau des prix des souterrains qu'il avait à construire sur toute la ligne. (*page* 50.)

Souterrain de St-Irénée, voûté, ...	1,933 mètres à	600 fr.
id. de la Nerthe dans le roc calcaire.	3,640	500
id. de St. Louis, id.	616	300
id. de St. Lazare , id.	300	250

Dans le cas où le chemin de fer suivrait la rive droite du Rhône, il y aurait 9 souterrains différents, et leurs prix sont de 200, 300 et 500 fr. par mètre.

Entre Avignon et Marseille , en passant par Aix, le nombre des souterrains projetés était de cinq ; et M. Kermaingant en estime 2 à 200 fr., 2 à 300 fr., et celui de Fuveau de 5,348 mètres à 500 francs.

Ainsi, voilà un ingénieur très-distingué, inspecteur des ponts-et-chaussées, dont personne n'osera contester le mérite supérieur, qui a dû, en faisant l'estimation de la dépense du chemin de fer , consulter sa propre expérience , puiser à tous les documents possibles, analyser les résultats obtenus, tant en France qu'à l'étranger , qui affecte à un mètre courant de souterrain, des prix bien inférieurs à celui que j'ai fixé l'année dernière; et cependant, les souterrains du chemin de fer devaient avoir 6 m. 70 c. de largeur ; et celui que j'avais annoncé n'aurait eu que 6 m.

Un seul est estimé 600 fr. par M. Kermaingant; c'est celui qui passe sous la montagne de Fourvière à Lyon, et qui doit être creusé dans un sol de poudingue et de sable ; ce qui mettrait dans l'obligation de le voûter dans toute sa longueur.

Il n'y a point de comparaison à faire entre le souterrain du chemin de fer de Versailles et celui qui nous occupe.

Le sol de Paris est en général composé de terrains crayeux et de peu de solidité ; il n'offre par conséquent aucune analogie avec les roches primitives qui bordent la Loire, ou les grès houilliers qui surmontent les couches de charbon. On a employé, pour soutenir la voûte, les maçonneries les plus coûteuses. Chaque voussoir en pierre de taille a été déposé avec ordre et régularité, comme si l'on eût construit un pont au centre d'une ville. Le souterrain était courbe, il a fallu faire coïncider les surfaces du tore de manière à n'avoir point d'angles rentrants ou saillants, dont l'effet aurait été désagréable à l'œil.

Ces précautions deviennent inutiles dans un souterrain où il ne doit passer que de la houille ; et si en quelques endroits on est obligé de voûter en maçonnerie, on n'ira pas employer de la pierre de taille, mais seulement de la pierre brute qu'on trouvera en quantité sur les lieux, ou mieux encore, de la brique fabriquée en grand à la manière flamande, afin de l'obtenir à meilleur marché.

Il est une chose qui m'a surpris, en lisant les Mémoires des ingénieurs où l'on veut établir d'avance le prix d'un mètre courant de galerie souterraine pour un canal ou un chemin de fer. On dit généralement qu'un souterrain de 3 à 400 m. coûte de 200 à 300 fr. ; et si on lui donne plus de mille mètres, il faudra de suite dépenser 500 fr. et au-delà.

Je comprends ce calcul quand on propose un petit souterrain où l'on n'a pas besoin d'employer des puits, et qui consiste à joindre deux lignes de niveau sur les deux flancs opposés d'une montagne très-étroite. Mais, (toutes choses égales d'ailleurs) je dis qu'il est plus économique de faire un percement de 16,000 mètres qu'un de 5,000, dans lequel la profondeur des puits serait à peu près la même.

Comme nous l'avons expliqué plus haut, un souterrain de 16,000 mètres se divisera en 80 ateliers environ ; celui de 5,000 mètres, en 25 ateliers seulement. Eh bien ! il est telle dépense préliminaire en approvisionnements de bois et de matériaux, établissements de chantiers, bureaux, forges, machines, achat de chevaux, fournitures d'outils et de poudre, construction de routes, etc., qui devra se faire dans un cas comme dans l'autre ; et cette dépense, en devenant commune, se répartira sur une bien plus grande longueur dans le souterrain de 16,000 mètres que dans celui de 5,000 m. Les frais d'exécution se trouveront ainsi diminués dans une proportion assez notable.

On sait bien qu'il y a toujours bénéfice à travailler quand on peut disposer d'un grand nombre de ressources, et qu'on peut agir sur des masses.

Je considère que la facilité de pouvoir distribuer la besogne suivant le degré de force, d'activité et d'intelligence des ouvriers, d'opérer la *division du travail* parmi eux, constituera les éléments d'une belle économie.

Si j'étais entrepreneur d'un ouvrage aussi grand, je ne permettrais pas aux mineurs de faire eux-mêmes leurs cartouches, comme ils les font aujourd'hui. Un atelier serait spécialement affecté à ce service.

Il y aurait une grande forge générale placée au centre de la ligne, où l'on ferait des pistolets à meilleur compte sans doute, que tous ces petits forgerons qui gâtent les outils et gaspillent le charbon. Tous les ateliers auraient d'avance un nombre suffisant d'instruments pour ne jamais se trouver au dépourvu. Je ne confondrais pas non plus les maçons avec les mineurs et les boiseurs, comme cela arrive tous les jours. En général, les attributions des ouvriers seraient parfaitement distinctes, et chacun resterait dans la sphère de sa spécialité. Ainsi, dans la distribution des hommes, des machines et des chevaux de service, j'aurais soin de mettre chaque chose à sa place, savoir : les ouvriers les plus habiles, dans les puits où le terrain est dur et difficile ; les chevaux les plus forts, là où il y aurait le plus de déblais à sortir, et des machines à vapeur aux endroits où il y aurait le plus d'eaux à épuiser.

Enfin, pour mieux faire encore, j'essaierais d'intéresser les mineurs à l'entreprise. Quand un navire baleinier revient d'une expédition, les marins n'ont généralement qu'une part dans le produit de la pêche, pour les défrayer d'un voyage long et périlleux. Chaque part est proportionnelle à l'importance des fonctions sur le navire ; le capitaine aura peut-être $1/4$, et le dernier matelot $1/400^{me}$. N'y aurait-il pas moyen d'essayer quelque chose d'analogue dans le souterrain que je propose d'exécuter aux périls et risques d'une compagnie d'entrepreneurs ? Je prouverai, dès qu'on le voudra, ce qu'il y a de positif dans mes calculs. A la première demande du gouvernement ou d'une réunion de capitalistes, je me présenterai armé d'une soumission collective de tous les entrepreneurs de

Saint-Étienne et de Rive-de-Gier, par laquelle ils s'engageront à exécuter tout le grand souterrain dans un délai de six années, à raison de 800 fr. par mètre courant.

Jamais un travail d'utilité publique n'aura été présenté avec des conditions d'un succès plus assuré.

Il résultera de cette organisation, si l'on juge à propos de l'appliquer, un noyau d'armée industrielle qui pourra, quand elle aura bien fonctionné pendant quelque temps, se charger de tous les travaux du même genre nécessaires au complément des lignes navigables de la France.

Il me semble que la pensée d'intéresser des travailleurs dans une opération aussi grande, est digne d'être examinée et approfondie par des hommes placés plus haut que moi dans l'échelle sociale. Dans un moment où tous les esprits avancés du siècle tournent leurs regards du côté des classes ouvrières, afin de les moraliser en leur faisant éprouver les avantages d'une association pacifique, il est vraiment opportun d'essayer ce qu'une pareille idée a de praticable. Si l'on faisait une expérience, on serait peut-être étonné de la beauté des résultats.

Je vais faire valoir encore une considération en faveur de l'économie de la main d'œuvre.

Dans un pays de mines comme Saint-Étienne, la quantité d'ouvriers qui travaillent sous terre est nécessairement très-considérable.

Depuis les divers percements exécutés sur le chemin de fer de Saint-Étienne à Lyon, beaucoup de mineurs, après y avoir travaillé et *gagné de l'argent,* se sont établis dans le pays en qualité d'entrepreneurs. Ce sont eux qui font tous les puits que l'on creuse aujourd'hui pour arriver à la découverte de la houille. A en juger par l'importance des travaux d'exploitation, leur nombre a dû s'accroître encore depuis dix ans.

Pour donner une idée de la facilité que l'on rencontre à se procurer des ouvriers, je citerai l'exemple d'une adjudication passée, il y a deux ans, à Rive-de-Gier, pardevant les syndics de la compagnie du canal de Givors. Il s'agissait du creusement de la rigole souterraine de Couzon; les prix du devis étaient aussi bas que possible; il fallait 7 ou 8 entrepreneurs, il s'en est présenté plus de 30, et quelques-uns d'entre eux ont offert des rabais de 15 pour cent!

En général, dans chaque contrée, il y a des classes ouvrières qui se vouent à une industrie toute spéciale.

On cite depuis long-temps, avec raison, les *terrassiers* de Dunkerque et d'Ostende, comme les plus habiles de toute la France. Dans ce pays il se creuse des canaux, des bassins pour les navires; il se fait des digues à la mer avec un bon marché presque incroyable. Et par une fatalité singulière, les mêmes hommes qui arrachent la terre, la chargent dans des brouettes et la transportent à si bas prix, ne peuvent plus opérer de même quand ils sortent de chez eux.

Pour les villes de fabrique, c'est la même chose. Quoiqu'on ait essayé d'enlever à Lyon ses meilleurs ouvriers en soieries, on n'est jamais parvenu à lui faire une concurrence redoutable, parce que ses habitants apprennent pour ainsi dire l'art de la fabrique, comme ils recevraient un héritage qui se perpétue dans les familles.

Il doit encore en être de même à Saint-Étienne pour les travaux souterrains.

Après ces développements, il me semble qu'on doit admettre comme étant très-raisonnable, le prix de 600 francs que j'avais d'abord fixé pour exprimer la valeur d'un mètre courant de canal souterrain; et en augmentant cette première estimation, c'est-à-dire en la portant à 800 fr., je donne les limites les plus larges à la dépense de tout l'ouvrage, qui, dans les 16,000 mètres des parties souterraines, ne coûtera pas plus de 12,800,000 fr.

Mais on me dira:

« Vous avez bien prévu à peu près tous les cas défavorables qui peu-
« vent se présenter, en ne prenant pour termes de comparaison que les
« divers souterrains exécutés jusqu'à ce jour; mais il est des difficultés
« qui surgissent de la nature même du sol, et devant lesquelles la pré-
« voyance la plus réfléchie peut échouer.

« Il règne une incertitude dans le système d'opérations que vous avez
« proposé, qui ne peut manquer d'arrêter les plus intrépides; et ni le
« gouvernement, ni une société d'actionnaires ne consentira à enga-
« ger des capitaux dans une entreprise aussi hasardeuse. »

À une objection de cette nature, je commencerai par répondre comme je l'ai déjà fait souvent, que le sol de St-Étienne a été étudié et fouillé jusque dans ses dernières profondeurs; et que par conséquent les obstacles provenant de la nature même du terrain seront calculés d'avance, et appréciés de manière à être surmontés avec économie. J'ajouterai encore qu'il existe un moyen de s'assurer de la possibilité de l'entreprise par un travail préliminaire dont on peut retirer du profit sans compromettre de grands capitaux. En effet, que l'on se borne d'abord à creuser le souterrain sur 2 mètres de largeur, et sur 2 mètres de hauteur comme dans la galerie de Couzon, qui ne revient qu'à 150 fr. par mètre, on dépensera à peu près quatre millions pour amener les eaux de la Loire jusqu'à St-Chamond.

La compagnie du canal de Givors pouvant prolonger sa ligne sans avoir ni usine, ni prise d'eau à acheter, et étant en outre dans la certitude de ne jamais avoir de chômage provoqué par le manque d'eau, peut, sans aucune objection, estimer à 2 millions le surplus de valeur que son canal retirerait de cette rigole. Elle aura bientôt dépensé un million pour conduire les eaux de Couzon à la Grand'Croix, et une somme presque égale pour l'achat de toutes les usines riveraines du Gier. Dieu sait si jamais les profits qu'elle doit retirer de ces sacrifices, égaleront ceux que je lui propose d'acquérir !

La rigole de la Loire pourra encore servir de galerie d'écoulement. Alors, on ira trouver les principaux concessionnaires, on passera avec eux des marchés pour l'enlèvement immédiat des eaux qui les ruinent en épuisements, et dont l'affluence ne fait qu'augmenter à mesure que l'exploitation devient plus importante

Il y aura encore moyen d'utiliser ces petits embranchements souterrains pour l'extraction directe des charbons, au moyen de petits bateaux de 3 pieds de largeur portant 3 ou 4 tonnes.

Le célèbre Fulton a composé un ouvrage fort remarquable sur la navigation, où il propose de faire partout usage de bateaux aussi petits. Les galeries de la Silésie où l'on navigue pour aller chercher les charbons dans les mines, n'ont pas plus de 2 mètres de largeur. On voit donc que la rigole proposée servirait encore à cet objet.

A l'avantage d'écouler les eaux des mines, et d'extraire le charbon par des bateaux naviguant sous terre, ajoutez le produit de vente de tous les puits où l'on aura rencontré de la houille.

Dans la traversée du col de Sorbier, où il existe du charbon non concédé, les puits que l'on creusera à d'assez grandes profondeurs, serviront à faire connaître la direction et l'importance des couches, et à faciliter les concessions voisines dans leurs travaux de recherche ou d'exploitation.

La rigole proposée aura bien encore un autre avantage ; c'est que par les différents circuits qu'elle fera au travers des mines, elle pourra fixer d'une manière positive la topographie souterraine du bassin. Les ingénieurs les plus éclairés ne sont pas encore édifiés sur le nombre exact des couches exploitables. Quelques-uns supposent qu'à 200 mètres plus bas que le puits le plus profond de St-Étienne, on doit rencontrer la grande masse qui s'exploite à Rive-de-Gier et à Firmini. Tôt ou tard, pour résoudre le problème, on fera une tentative. Le meilleur moyen de s'assurer d'avance de la réussite, sera de consulter la disposition des nombreuses couches que la rigole et ses embranchements auront à traverser.

En même temps, les concessionnaires actuels seront parfaitement fixés sur la valeur et l'importance de leurs richesses. Quand ils connaîtront l'épaisseur et la direction des couches, il leur sera facile d'en entreprendre l'exploitation de la manière la plus économique.

En un mot, on n'opérerait plus qu'à coup sûr ; et alors disparaîtrait pour toujours l'appât que l'ignorance de la valeur des mines a offert et offre encore au charlatanisme et à la fraude pour exploiter la bonne foi publique.

Certes ! tout cela vaut bien deux millions ! La dépense se trouvera donc pour ainsi dire couverte dès que les travaux seront achevés ; et on aura au dessus de St-Chamond, une source amenant les eaux de la Loire en quantité indéfinie, lesquelles serviront non seulement au canal, mais encore aux usines dans toute la vallée du Gier jusqu'au Rhône. Les villes de St-Chamond et de Rive-de-Gier en alimenteront à peu de frais leurs fontaines publiques ; les prairies et les jardins en seront arrosés.

Que le département, que toutes les villes riveraines du Gier, veuillent bien contribuer à la dépense, le travail peut se faire de suite.

Après son achèvement, on calculera d'une manière positive ce qu'il y aura à faire et à dépenser pour élargir le souterrain dans les grandes dimensions, et donner accès aux bateaux du canal.

Il y aurait encore moyen de rendre cet arrangement avantageux pour la ville de St-Étienne.

Admettons que le canal de Givors arrive dans les prés du Janon, au-dessus du pont Paradis, où viendra déboucher la rigole souterraine.

Supposons, d'un autre côté, qu'on fasse partir de St-Étienne, de la place Marengo, par exemple, un fossé navigable de 3 mètres de largeur ;

conservant toujours le même niveau et se développant sur le plateau des mines du Treuil, de la Roche, Méons, Reveux, Chaney, Mont-Sel et Sorbier. Il pourra arriver ainsi au flanc de la montagne qui domine la rive droite du ruisseau de Langonan, près d'une ferme appelée *la Pacotière*, sans qu'on ait besoin d'écluses ou de souterrains. On se trouvera à 140 mètres au-dessus du bassin du grand canal, et à 1,800 mètres seulement de distance. Alors je proposerai, pour établir la communication de ces deux canaux superposés l'un sur l'autre, un plan incliné, dans le genre de ceux qu'on a exécutés en Angleterre ou en Amérique. Dans ce dernier pays, et particulièrement au canal Morris, le nombre en est très-grand, et ils fonctionnent tous d'une manière parfaite.

Le fossé navigable recevra de petits bateaux de 5 à 6 tonneaux que l'on fera circuler tantôt sur l'eau, tantôt sur les rails, ainsi que Fulton a proposé de le faire, dans son ouvrage sur les canaux.

Depuis quelque temps, ce système de petite navigation commence à être compris et apprécié. Le *Moniteur industriel* contenait dernièrement sur ce sujet une série d'articles fort remarquables où l'on en développait les avantages contradictoirement aux inconvénients des canaux à grande section. Je n'entrerai dans aucun détail à cet égard ; je dirai seulement que les frais de dépense et d'entretien d'un fossé navigable sont très-faibles. Une simple machine à vapeur, pendant l'été, et quelques petits ruisseaux, pendant l'hiver, suffisent pour remplacer les eaux perdues par l'évaporation.

La circulation des petits bateaux que l'on attache ordinairement à la file les uns des autres, y est très-facile. Les résultats économiques que l'on en obtient sont infiniment supérieurs à ceux que l'on retire d'un chemin de fer. Dans le premier cas, on emploie des bateaux qui coûtent 50 fr. et qui durent 3 ans. Dans le second, on se sert de wagons qui coûtent 500 fr. et qui durent six mois. Pendant ce temps la voie ferrée s'use ; tandis que l'autre est infatigable. Enfin, à ceux qui supposent qu'un fossé de 3 mètres serait insuffisant pour desservir toutes les mines, je dirai que le canal *Old Birmingham* en Angleterre est à petite section, et qu'il parcourt un bassin houiller plus important et plus exploité que celui de St-Étienne.

Cette ville pourrait alors se croire réellement assise sur un canal, et les marchandises de toute nature lui arriveraient par cette nouvelle voie, à bien meilleur compte que par le chemin de fer.

Il y aurait peut-être possibilité de prolonger ce petit canal jusque sur le plateau des mines de Roche-la-Molière, qui se trouve être au même niveau que St-Étienne, et d'arriver ensuite sur le bord de la Loire, où l'on descendrait encore par un plan incliné comme à St-Chamond.

En faisant partir de la ligne principale, de petits embranchements canalisés ou des chemins de fer, le bassin houillier tout entier se trouverait parfaitement desservi.

Cela ne nuirait pas au développement futur des galeries souterraines. Le canal du duc de Bridgewater avait bien deux biefs superposés, communiquant entre eux par un plan incliné. Il en serait de même à St-Étienne.

Je ne peux pas donner des détails très-précis sur le petit canal complémentaire de celui que je dois faire valoir avant tout. Je n'en ai même parlé que parce que je me suis supposé poussé jusque dans mes derniers retranchements.

Toutefois, si les villes de Lyon et de la vallée de la Saône, si les canaux de Bourgogne et du Centre venaient s'opposer à la jonction directe du Rhône et de la Loire, par un canal à grande largeur passant près de St-Étienne, on ferait taire leurs plaintes en s'y prenant comme je viens de le dire. Alors il y aurait une nouvelle étude assez intéressante à faire. Peut-être aurai-je à m'en occuper l'année prochaine.

J'espère que les esprits les plus obstinés seront satisfaits du nouvel arrangement que je propose; et je crois qu'il est impossible de procéder avec plus de circonspection et de garantie.

Je vais m'occuper maintenant du mode de traction à employer dans le grand souterrain, pour remorquer les bateaux. L'idée de voir la vapeur utilisée pour un semblable travail, a dû nécessairement se présenter à l'esprit de ceux qui voient tous les jours des machines locomotives remorquer des convois sous les tunnels du chemin de fer, sans qu'il en résulte le moindre inconvénient pour les hommes ou les marchandises; et il est tout naturel d'admettre que la force de traction peut s'exercer aussi bien sur des bateaux que sur des wagons.

Sur le canal de la *Forth* à la *Clyde*, on a remorqué dernièrement des bateaux, au moyen d'une machine à vapeur, courant sur le chemin de halage. On obtenait ainsi une très-grande vitesse et un effet utile bien plus considérable que si la machine avait eu son point d'appui sur l'eau.

Par cette raison, je ne proposerai point un bateau à vapeur manœuvrant par des palettes ou des hélices. S'il y avait eu un chemin de halage dans le souterrain, on y aurait mis une locomotive; mais, à son défaut, il est facile de donner à la vapeur un point d'appui solide, comme, par exemple, les parois, le fond ou même la voûte du tunnel. Voilà comment je conçois une machine pouvant opérer d'une manière convenable.

Il y aura dans le souterrain deux lignes de poutrelles scellées dans la maçonnerie à la naissance de la voûte, dont le but principal sera de garantir les bateaux des chocs contre les parois latérales. Ce sont ces poutrelles qui serviront de point d'appui. La machine aura à communiquer un mouvement circulaire à deux roues à axe vertical, s'appuyant sur un des côtés du souterrain et frottant la partie saillante d'une des lignes en bois. Sur le côté opposé, une autre roue à axe vertical, mais parfaitement libre, sera à la disposition du machiniste ou d'un conducteur qui, au moyen d'un bras de levier convenable, pourra l'appuyer fortement contre les pièces de bois latérales; il produira une répulsion sur la paroi opposée, et les deux roues, mues par la vapeur, se trouveront frotter avec force la ligne de poutrelles, de manière à transporter tout le système en avant. C'est-à-dire qu'il se produira un effet pareil à celui des machines locomotives qui, sur un chemin de fer, peuvent remorquer avec une grande vitesse un nombre considérable de wagons, rien qu'en agissant par le frottement des roues en fonte sur le rail.

Ce moyen de traction, quoique nouveau, me semble très-praticable. Si on en faisait l'expérience, je suis convaincu qu'elle réussirait. Car, en définitive, ce bateau à vapeur n'est plus qu'une simple machine locomotive dont les roues, au lieu d'être verticales et de reposer de tout le poids de la machine sur le rail, sont horizontales, et sont pressées sur les parois du souterrain au moyen d'un bras de levier mis à la disposition d'un conducteur; et celui-ci peut à son gré augmenter ou diminuer la vitesse du convoi, rien qu'en éloignant ou rapprochant la roue directrice.

Or, la même force qui fait avancer sans embarras, sur un chemin de fer, des wagons chargés de marchandises, peut bien, à plus forte raison, remorquer des bateaux qui n'offrent pas, à beaucoup près, une résistance aussi grande à se mouvoir, surtout quand ils n'ont pas à marcher avec une vitesse de plus d'une lieue à l'heure.

De cette manière, s'effectuera le passage du grand souterrain.

Je ne décrirai pas tous les autres moyens qui se sont successivement présentés à mon esprit pour arriver au même but. Des ingénieurs plus expérimentés que moi trouveront sans doute quelque mode de traction plus simple et plus économique. Mais, en attendant, je peux considérer celui que je viens de décrire comme tout-à-fait rationnel, et cela me suffit pour que son application soit praticable et même avantageuse.

Quant à la remorque des petits bateaux dans les galeries d'exploitation, elle se fera par des hommes, comme nous avons vu que cela se pratique en Angleterre, sur le canal du duc de Bridgewater, où un seul conducteur entraîne après lui un convoi, en se couchant à la renverse sur le premier bateau, et en s'appuyant avec les pieds sur l'intrados de la voûte. Lorsqu'une suite de petits bateaux arrivera ainsi à la ligne du grand souterrain, elle attendra le passage d'une machine à vapeur allant dans un sens ou dans un autre; et elle se fera remorquer, afin de sortir soit du côté de la Loire à Andrézieux, soit du côté du Rhône, à St-Chamond.

Je dirai un mot sur le moyen de décharger les petits bateaux dans les grands.

Il y a quelque temps que la compagnie du canal de Givors avait passé un marché avec un entrepreneur qui s'engageait à opérer le transbordement des siselandes dans des savoyardes à la gare de Givors, à meilleur marché que par le moyen usité aujourd'hui, qui consiste à relever à la pelle chaque hectolitre de houille, à le mettre dans un sac, et à le porter ainsi dans le grand bateau.

L'entrepreneur devait remplir les siselandes avec des caisses contenant environ 2 ou 300 hectolitres. Il les aurait soulevées et renversées dans un grand bateau, au moyen d'une machine, avec la même facilité qu'on a aujourd'hui pour décharger les wagons du chemin de fer.

Ce qui se serait fait pour les caisses, je propose de l'essayer pour la petite navigation. Et pour cela, tout autour des bassins, on dressera, de distance en distance, des grues assez puissantes pour enlever les petits bateaux, les renverser dans les grands placés à côté, ou les envoyer sur des rails en fer jusqu'au centre des magasins.

Ici se termine tout ce que j'avais à dire sur le mode d'exécution du grand souterrain, et sur le profit qu'on peut en retirer.

Je n'ai point la prétention de regarder le tracé du canal comme tout-à-fait irréprochable.

Des yeux plus clairvoyants que les miens ne manqueront pas d'y trouver des fautes, parce que j'ai été seul pour concevoir le projet, tracer le canal, mesurer et niveler tout l'espace qui s'étend depuis Saint-Chamond jusqu'à la Loire.

Toutefois, je peux affirmer que mes nivellements sont justes, et cela suffit pour fixer exactement la dépense de la partie souterraine.

Après avoir cherché à faire valoir, par toutes les raisons possibles, les avantages du canal souterrain, il me reste à en démontrer la supériorité sur tous les autres projets, et particulièrement sur celui dont M. Barreau, ingénieur des ponts-et-chaussées, fait l'étude en ce moment. Je pourrais bien dès aujourd'hui en signaler les principaux inconvénients, mais je préfère attendre que le travail soit tout-à-fait achevé, afin de n'omettre aucun des termes de comparaison qui doivent être à mon avantage, et afin que, dans ma critique, je ne sois pas tenté d'avancer des faits non positifs ou des calculs incertains.

Je me réserve donc de publier, sur ce sujet, un troisième Mémoire que j'aurai l'honneur d'adresser à M. le directeur général des ponts-et-chaussées.

CONCLUSION.

Voilà plus d'un an et demi que l'idée du canal souterrain a pris naissance dans mon esprit. Chaque jour je l'envisage et je l'étudie sur toutes ses faces; chaque jour sa valeur et son importance grandissent à mes yeux.

Ce n'est point, comme l'a dit M. Cordier, *par amour du merveilleux* que je propose de creuser un souterrain de 16,000 mètres de longueur. L'immense difficulté de se procurer des eaux en quantité suffisante pour alimenter un canal à écluses, l'obligation où l'on se trouve d'assécher les mines de Saint-Étienne, et d'en extraire la houille à bon marché, rendent cet ouvrage indispensable.

Il sera de la plus grande utilité pour le pays; il immortalisera la nation qui l'aura fait construire. L'Angleterre nous a montré ce que pouvaient la grandeur, le courage et la persévérance d'un peuple, en étonnant le monde par le nombre et l'importance de ses travaux publics, et en entreprenant l'ouvrage le plus fantastique des temps modernes. L'Europe entière applaudit d'avance au prochain achèvement du tunnel sous la Tamise. Tous les étrangers qui ont visité ce monument célèbre l'admirent, et la nation qui le possède en est fière.

Que la France, de son côté, fasse voir qu'elle est capable d'opérer d'aussi grandes merveilles.

Que le département de la Loire devienne le rival de ceux du nord, non seulement en industrie, mais encore en agriculture ; que la grande plaine du Forez, aujourd'hui mal cultivée, se transforme en prairies et en terres fécondes.

Que l'opulente ville de Saint-Étienne apparaisse dominant à la fois les deux grandes et belles vallées du Rhône et de la Loire, c'est-à-dire les deux mers. Sous elle, et dans les entrailles de la terre, sont des richesses minérales pour ainsi dire inépuisables, qui arrivent au jour dans des bateaux, et qui sont expédiées par une voie canalisée sur tous les points de la France.

Que la vallée du Gier, sur une longueur de six lieues, montre une suite d'usines mues par un cours d'eau intarissable, des hauts-fourneaux, des forges, des filatures, des verreries, etc., se succédant sans interruption depuis Saint-Chamond jusqu'au Rhône.

Alors, on m'applaudira hautement d'avoir développé mon idée, et d'en avoir poursuivi avec persévérance la réalisation.

C'est au zèle éclairé des habitants de Saint-Étienne, Saint-Chamond et Rive-de-Gier, que je m'adresse pour les engager à demander au gouvernement la prompte exécution de mon projet.

C'est aux lumières des conseils-généraux et d'arrondissement que j'ai recours, pour les prier d'en faire valoir les avantages.

C'est à l'administration des ponts-et-chaussées que j'ose soumettre ce projet, comme offrant le plus brillant avenir à l'industrie houillière et manufacturière de Saint-Étienne.

Enfin, c'est à la France que j'en appelle, pour l'engager à faire exécuter un travail digne de l'admiration et de la jalousie des autres puissances.

J'espère que ma voix, toute faible qu'elle est, sera entendue et comprise des hommes éminents qui gouvernent le pays.

Saint-Étienne, 15 janvier 1840.

BERGERON.